ワンコイン参考書シリーズ

小5 理科 参考書

日栄社

刊行にあたって

「バブル崩壊」という経済的な事件が、日本で1990年近辺に起こりました。1945年に第二次世界大戦に敗戦した日本は、戦後の復興から、約半世紀にわたる経済成長をとげましたが、「バブル崩壊」は「高度経済成長」から続いていた日本の右肩上がりの時代の終わりを告げるものでした。

それ以降、日本では「失われた30年」とも言われる沈滞の時代が続いています。

「一億総中流」と呼ばれ、がんばれば誰もが豊かになれると信じられた社会から、貧困率が上昇し続ける「格差社会」へと、日本の社会は姿を変えつつあります。子どもたちの生活においても、「7人に1人」が貧困であると言われています。

貧困は子どもたちから教育の機会を奪います。子どもが成長して親になったときに、教育の不足ゆえに低い収入で働き続けることを受け入れざるを得なかったとすれば、その次の世代の子どもも、また貧困に苦しみ、十分な教育から遠ざけられかねません。これは「貧困の連鎖」「格差の連鎖」と呼ばれています。

また、教育の不足で十分な収入が得られないために、不本意ながら結婚や出産をあきらめる人たちもいることでしょう。青壮年の貧困は「少子化」の大きな原因のひとつともなっています。

こういった悪循環は、日本の現在の大人である私たちが作りだしたものであり、子どもたちには何の責任もありません。この悪循環を止めるにはいろいろな方法があろうかと思いますが、「高齢化」が進行し、福祉にますます財源が必要になる中でも、貧しさが原因で子どもが学びをあきらめるような社会をつくってはならないと、私たちは考えています。

『ワンコイン参考書・問題集（税別500円）／ツーコイン電子参考書・電子問題集（税別200円）』は、未来を担う日本の子どもたちが安くても良質な参考書・問題集を手に取れるようにとの思いで刊行しました。この理念に賛同してくれた著者の先生や、制作会社、印刷会社の人たちのおかげで、このシリーズを刊行することができました。

子どもたちよ、どうか「学びを、あきらめない」でください。このシリーズが子どもたちの役に立つことを祈っています。

2022年10月27日　日栄社編集部

もくじ　小5理科参考書

第1章 天気の変化

1 天気の決め方と雲

「晴れ」や「くもり」はどのように決めているのでしょうか。
空全体の広さを10としたときに，雲がおおっている部分が

0～8のときは「晴れ」

9～10のときは「くもり」

とします。ただし，雲の量に関係なく，

雨が降《ふ》っているときは「雨」

雪が降《ふ》っているときは「雪」

とします。

参考

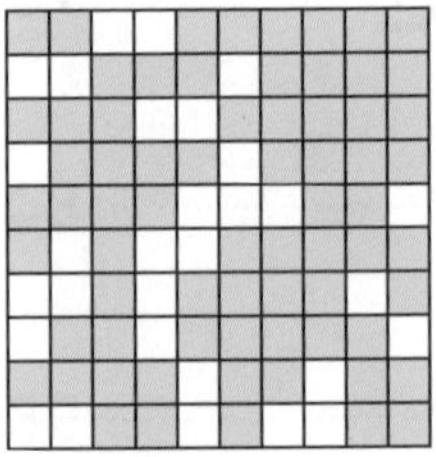

全体の広さを10とする，とはどのようなことでしょうか。
左の図において，緑色にぬられている部分は100マス中70マスですから，
全体の広さを10とすると緑色にぬられている部分は7といえます。

参考

空の広さを10としたときに，雲がおおっている部分が8であっても「晴れ」になります。
また，

0～1のときは「快晴《かいせい》」

2～8のときは「晴れ」

とすることもあります。

雲の量が２のときの
空の様子（晴れ）

雲の量が８のときの
空の様子（晴れ）

雲の量が９のときの
空の様子（くもり）

雲は動きます。そして空の中での雲の量も変わっていきます。

雲は色や形が変わることもあります。黒っぽい雲の量が増《ふ》えてくると雨が降《ふ》りやすくなります。

雲の種類は，できる高さや形によって分けられています。

- **巻雲《けんうん》（すじ雲《ぐも》）**

  上空の風が強い日に出てくることが多い。晴れた日に出てくることが多いが，数日後に雨が降《ふ》ることが多い。

- **巻層雲《けんそううん》（うす雲《ぐも》）**

  この雲が広がると雨になることが多い。

- **巻積雲《けんせきうん》（うろこ雲《ぐも》，いわし雲《ぐも》）**
- **高積雲《こうせきうん》（ひつじ雲《ぐも》）**
- **積乱雲《せきらんうん》（かみなり雲《ぐも》，入道雲《にゅうどうぐも》）**

  夏によく見られる。雨を降《ふ》らせる地域《ちいき》は広くはないが，短時間にたくさんの雨を降《ふ》らせることがある。かみなりが鳴ることもある。

・高層雲《こうそううん》（おぼろ雲《ぐも》）

・乱層雲《らんそううん》（雨雲《あまぐも》）

雨を降《ふ》らせる代表的な雲である。空の低いところにできて，長時間にわたって広い地域《ちいき》に弱い雨を降《ふ》らせることが多い。

・層雲《そううん》（きり雲《ぐも》）

・層積雲《そうせきうん》（うね雲《ぐも》）

・積雲《せきうん》（わた雲《ぐも》）

参考

この分け方を十種雲形《じっしゅうんけい》といいます。巻《けん》・高《こう》・積《せき》・層《そう》・乱《らん》の意味については発展《はってん》事項《じこう》10ページにのっています。理解《りかい》するとイメージがつきやすくなるので，余裕《よゆう》があれば見てみましょう。

2 天気の変化

地球を取り巻《ま》く空気を大気といいます。日本付近では，大気の流れはおよそ西から東の向きになっています。そのため，日本付近では雲の動きや天気の変化も，およそ西から東の向きになっています。

日本では昔から「夕焼けが見えると次の日は晴れやすい」といわれますが，これはなぜでしょうか。

地上から見ると太陽は西に沈《しず》むので，夕焼けは西の空に見えます。夕焼けがはっきり見えるということは，西の空の大気に雲が少ないということです。日本付近では雲の動きや天気の変化もおよそ西から東の向きになっていますから，次の日には西の空にあった大気がくるので，晴れやすくなります。

ただし，台風がくる季節では大気の流れが西から東にならないこともあるので，夕焼けが見えても次の日が晴れないこともよくあります。

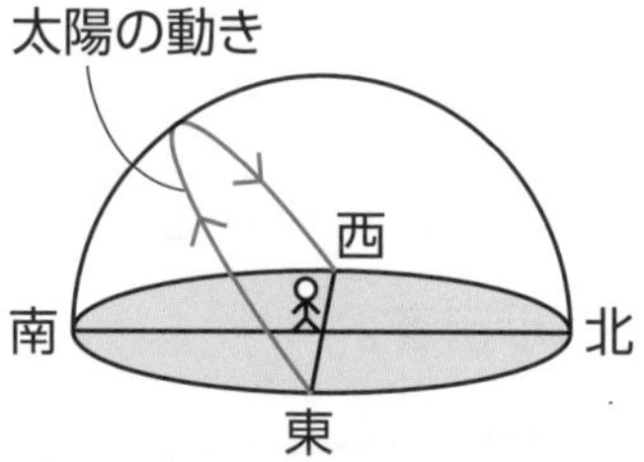

3 私《わたし》たちの生活と天気

降《ふ》った雨がその場所にたまったときの水の深さを降水《こうすい》量といいます。雪の場合はとけて水になったときの深さで考えます。日本は世界の中でも降水《こうすい》量が多い地域《ちいき》だといえます。

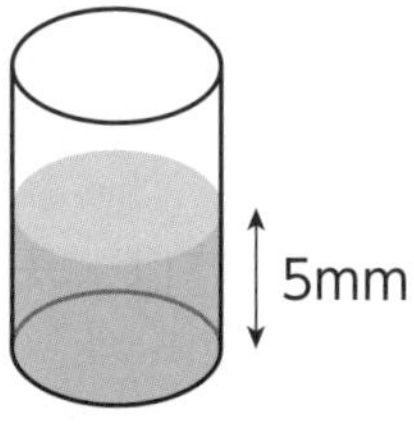

1時間に5mmたまったら「1時間での降《こう》水《すい》量は5mm」となります。ただし，気象庁《きしょうちょう》

では，正確《せいかく》に測《はか》るために「転倒《てんとう》ます型《がた》雨量計」という，少し複《ふく》雑《ざつ》なものを使っています。

■世界各国の降水量《こうすい》（1年間の降水量《こうすい》）

注）日本の降水量《こうすい》は1971年から2000年にかけての平均値《へいきんち》。
世界および各国の降水量《こうすい》は1977年開催《かいさい》の国連水会議における資料《しりょう》に基《もと》づく
国土交通省土地・水資源《しげん》局水資源《しげん》部「平成16年版《ばん》日本の水資源《しげん》」（2004年8月）から作成

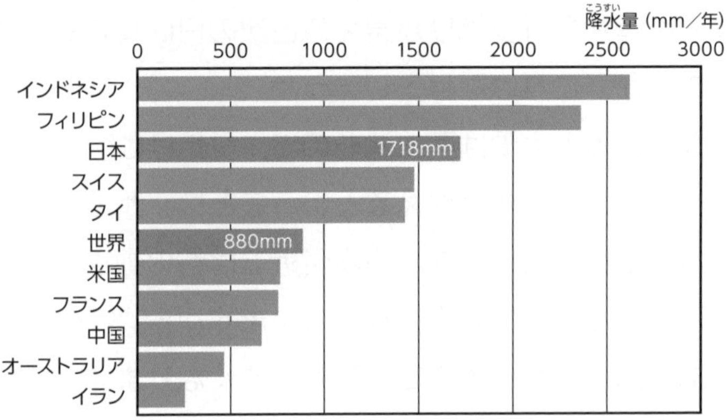

（国土交通省ホームページより）

水は生活に欠かせないものですが，大雨・大雪に備《そな》える必要もあります。

集中豪雨《ごうう》： 同じ場所に数時間にわたって大量の雨が降《ふ》ることを集中豪雨《ごうう》とよびます。

局地的大雨： 急に積乱雲《せきらんうん》が大きくなって，狭《せま》い地域《ちいき》にごく短時間のうちにはげしい雨が降《ふ》ることを局地的大雨とよびます。

それでは，天気はどのように観測《かんそく》しているのでしょうか。

気象衛星《きしょうえいせい》：気象衛星《きしょうえいせい》は上空から雲を観測《かんそく》しています。世界中のいろいろな国が気象衛星《きしょうえいせい》を用いていますが，日本が運用し，日本付近の雲の様子を観測《かんそく》しているのが「ひまわり」です。

「ひまわり8号・9号」
（気象衛星《きしょうえいせい》センターホームページより）

アメダス：日本の全国各地の降水《こうすい》量，気温，風向・風速などを自動的に観測《かんそく》する気象庁《きしょうちょう》のシステムをアメダスとよびます。日本国内で約1300か所にアメダス観測所《かんそくじょ》が設置《せっち》されています。

参考

「ひまわり」は2015年から8号が運用され，2017年から9号が運用されています。2機両方とも用いることで，どちらかにトラブルが起きても観測《かんそく》を続けることができます。

アメダスは「地域気象観測《ちいききしょうかんそく》システム」の通称《つうしょう》（ふだんよばれる名前）です。実際《じっさい》に設置《せっち》されている観測所《かんそくじょ》をアメダス観測所《かんそくじょ》とよび，これは「地域気象観測所《ちいききしょうかんそくじょ》」の通称《つうしょう》です。

（気象庁《きしょうちょう》ホームページより）

発《はっ》展《てん》事《じ》項《こう》 — 余《よ》裕《ゆう》のある人向け

〈巻《けん》・高《こう》・積《せき》・層《そう》・乱《らん》について〉

「巻《けん》」は地上から5～13kmの高さにできる雲

「高《こう》」は地上から2～7kmの高さにできる雲

「積《せき》」はたて方向に発達する（低い空から上空まで広がる）雲

「層《そう》」は横に広がる雲

「乱《らん》」は雨を降《ふ》らせる雲

〈巻雲《けんうん》，巻層雲《けんそううん》，積乱雲《せきらんうん》，乱層雲《らんそううん》以外の特徴《とくちょう》〉

・**巻積雲《けんせきうん》（うろこ雲《ぐも》，いわし雲《ぐも》）**

巻層雲《けんそううん》に変化して（変わって）雨を降《ふ》らせることが多い。

・**高積雲《こうせきうん》（ひつじ雲《ぐも》）**

小さなかたまりが集まって規則的《きそくてき》に並《なら》んでいる。白色や灰色《はいいろ》である。

・**高層雲《こうそううん》（おぼろ雲《ぐも》）**

灰色《はいいろ》で，空全体をおおうことが多い。

・**層雲《そううん》（きり雲《ぐも》）**

山にかかる雲の多くが層雲《そううん》である。

・**層積雲《そうせきうん》（うね雲《ぐも》）**

大きなかたまりが集まって群れをなしている。

・**積雲《せきうん》（わた雲《ぐも》）**

そのままなら晴れるが，発達すると積乱雲《せきらんうん》になる。

〈天気図〉

天気図は，空気の状態《じょうたい》を1つの図の中で表現《ひょうげん》したものです。

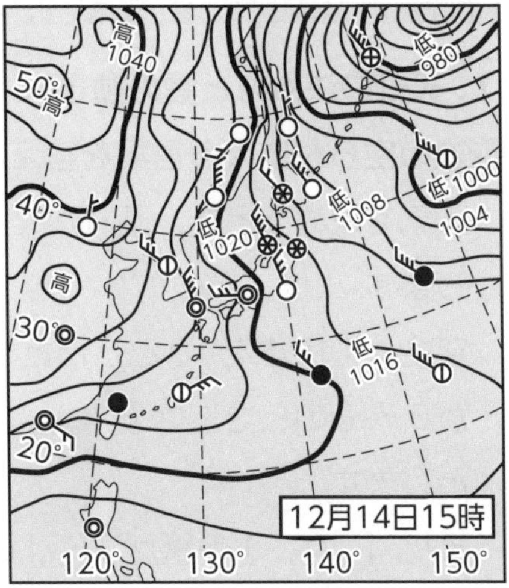

・**高気圧《こうきあつ》（まわりより気圧《きあつ》が高いところ）**

中心では上空から地上に向かう空気の流れができ，雲は少なくなる。

・**低気圧《ていきあつ》（まわりより気圧《きあつ》が低いところ）**

中心では地上から上空に向かう空気の流れができ，雲が多くなり雨が降《ふ》りやすい。

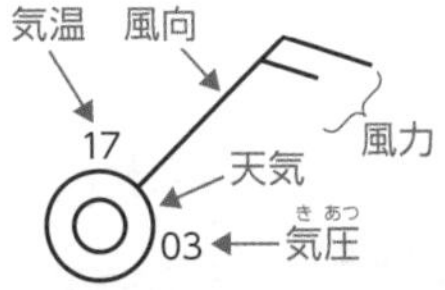

北東の風
風力2
天気…くもり
気温…17
気圧《きあつ》…1003hPa

天気記号	天気	天気記号	天気
○	快晴《かいせい》	⦶	晴れ
●	雨	◎	くもり
⊛	雪		

hPaはヘクトパスカルと読みます。

「北東の風」は北東から吹《ふ》いてくる風です。

確《かく》認《にん》問題

解答《かいとう》 15ページ

1. 天気の決め方と雲の動き

1 次の空らんに入る言葉を答えましょう。

天気を決めるとき，晴れかくもりかは【　①　】の量で判断《はんだん》します。

空全体の広さを10としたとき，雲がおおっている空の広さが0～8のときには【　②　】，9～10のときには【　③　】とします。

また,【　①　】の量が0～1のときを【　④　】，2～8のときを【　②　】とすることもあります。

なお, 雨, 雪については【　①　】の量とは関係なく, 雨が降《ふ》っているときには雨，雪が降《ふ》っているときには雪とします。

下の図のような方位の表し方を8方位とよびます。

日本付近では, 雲は多くの場合, 4方位 (東, 西，南，北) では【　⑤　】から【　⑥　】に向かって移動《いどう》します。ただし，台風は【　⑤　】から【　⑥　】ではない移動《いどう》をすることも多くあります。

〔①　　　　②　　　　③　　　　〕

〔④　　　　⑤　　　　⑥　　　　〕

2 次の空の様子からわかることを，以下の選択肢《せんたくし》から答えましょう。

①

②

③

ア　この雲が広がると雨になることが多い。

イ　夏によく見られる。雨を降《ふ》らせる地域《ちいき》が広くはないが，短時間にたくさんの雨を降《ふ》らせることがある。かみなりが鳴ることもある。

ウ　雨を降《ふ》らせる代表的な雲である。空の低いところにできて，長時間にわたって広い地域《ちいき》に弱い雨を降《ふ》らせることが多い。

〔①　　　　②　　　　③　　　　〕

2. 天気の観測《かんそく》

次の空らんに入る言葉を答えましょう。

日本の全国各地の【　①　】(降《ふ》った雨がその場所にたまったときの水の深さ)，気温，風向・風速などを自動的に観測《かんそく》する気象庁《きしょうちょう》のシステムを【　②　】とよびます。

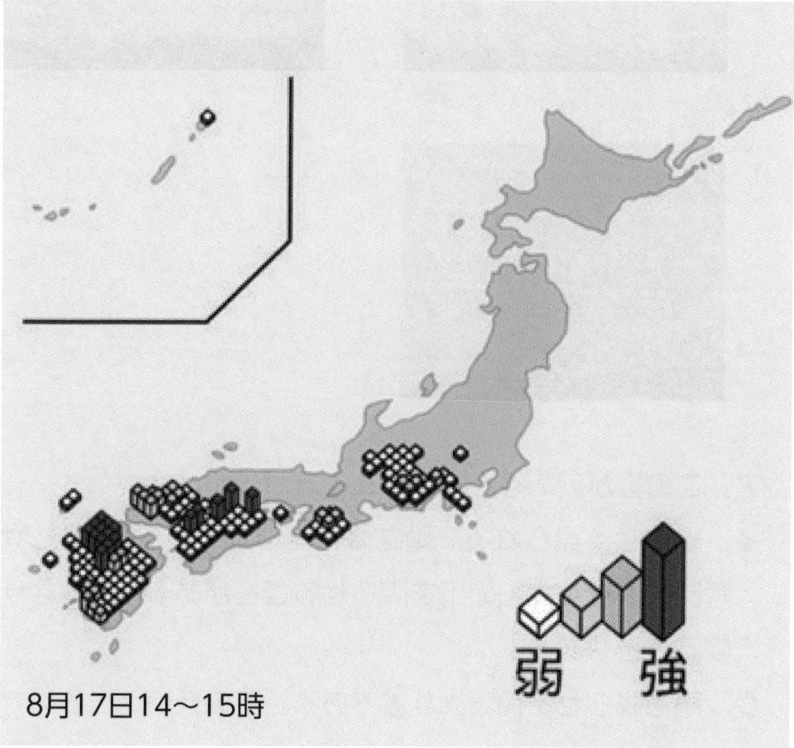

↑【　②　】の雨量情報《じょうほう》であり，棒《ぼう》グラフの長さは雨の量を表します。

〔①　　　　　　　　②　　　　　　　　〕

解《かい》 答《とう》

問題 12ページ

1. 天気の決め方と雲の動き

1 ①雲　②晴れ　③くもり　④快晴《かいせい》　⑤西　⑥東

2 ①イ　②ア　③ウ

解《かい》 説《せつ》 ①積乱雲《せきらんうん》　②巻層雲《けんそううん》　③乱層雲《らんそううん》

2. 天気の観測《かんそく》

①降水量《こうすい》　②アメダス (「地《ち》域《いき》気象《きしょう》 観測《かんそく》システム」でもよい)

第2章 植物の発芽・成長

1 種子の発芽のための条件《じょうけん》

植物の種子が芽を出すことを発芽といいます。

発芽に必要なものは何でしょうか。

発芽に光は必要でしょうか，水は必要でしょうか。

発芽には水が必要かどうか調べます。
「水を与《あた》えたもの」と「水を与《あた》えないもの」の2つを比《くら》べます。このとき,「日光を与《あた》えるか」や「空気を与《あた》えるか」などの，他の条件《じょうけん》はすべて同じにします。

たとえば，インゲンマメの種子を2つ用意し，片方《かたほう》には水を与《あた》え，もう片方《かたほう》には水を与《あた》えないとします。2つともに空気，適当《てきとう》な温度を与《あた》えると,「水を与《あた》えたもの」は発芽しますが,「水を与《あた》えないもの」は発芽しません。このことから，インゲンマメの種子が発芽するには水が必要なことがわかります。

	水	空気	温度	結果
A	与《あた》える	与《あた》える	適当《てきとう》な温度	発芽する
B	与《あた》えない	与《あた》える	適当《てきとう》な温度	発芽しない
C	与《あた》えない	与《あた》える	極端《きょくたん》に高い温度	発芽しない

AとBから，発芽には水が必要だとわかる。

AとCを比《くら》べただけでは，発芽に水が必要かどうかはわからない。

また，インゲンマメの種子を2つ用意し，片方《かたほう》には光を与《あた》えて，もう片方《かたほう》には光を与《あた》えないとします。2つともに水，空気，適当《てきとう》な温度を与《あた》えると，2つとも発芽します。このことから，インゲンマメの種子が発芽するには光はあってもなくてもよいことがわかります。

水・空気・適当《てきとう》な温度	光（日光）	結果
与《あた》える	与《あた》える	発芽する
与《あた》える	与《あた》えない	発芽する

インゲンマメの種子の発芽には，水・空気・適当《てきとう》な温度が必要となります。光や肥料《ひりょう》など，「水・空気・適当《てきとう》な温度」以外のものはあってもなくても発芽します。

2 種子の発芽と養分

インゲンマメの種子が発芽すると，成長する部分もありますが，しぼんでしまう部分もあります。なぜしぼんでしまう部分があるのでしょうか。

参考

「適当《てきとう》な温度」とは「ふさわしい温度」という意味です。「どんな温度でもよい」という意味ではありません。

レタスやイチゴは適当《てきとう》な温度の場合，発芽に光も必要となります。

インゲンマメの種子は「葉（本《ほん》葉《よう》）・くき・根になる部分」と「子《し》葉《よう》」からできています。子葉《しよう》には，「でんぷん」という成分が含《ふく》まれます。でんぷんは米・小麦・いもなどにも多く含《ふく》まれています。

インゲンマメの種子のつくり

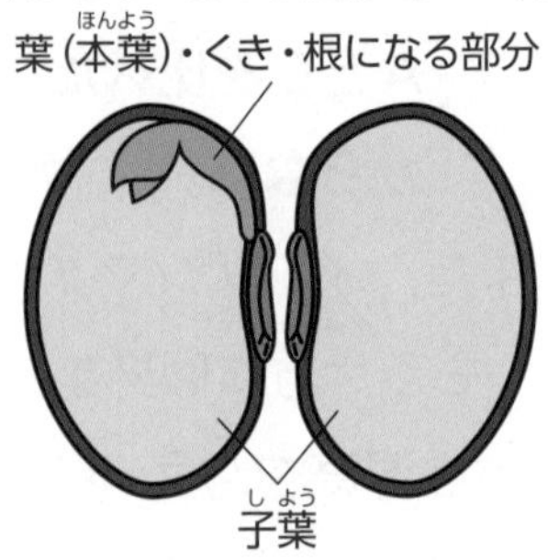

子葉《しよう》に含《ふく》まれるでんぷんは，発芽や成長に使われます。発芽してしばらくたった子葉《しよう》にはでんぷんはほとんど含《ふく》まれていなく，子葉《しよう》はしぼんでしまい，やがて取れてしまいます。

でんぷんがあるかどうかを調べるには，ヨウ素液《そえき》という液体《えきたい》を使います。ヨウ素液《そえき》にはでんぷんを青むらさき色に変える性質《せいしつ》があります。

インゲンマメ

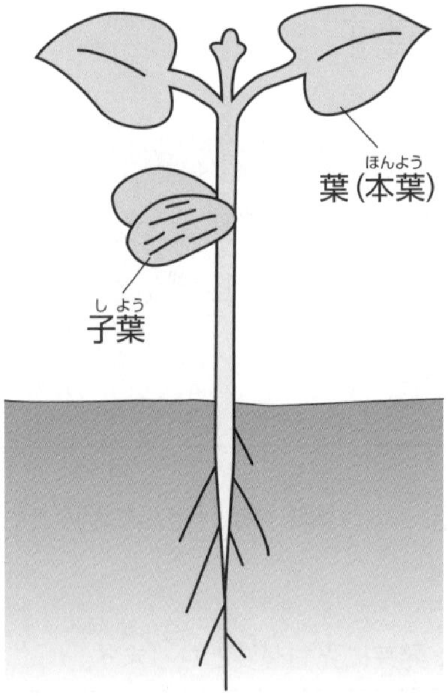

ジャガイモのいも

※ジャガイモのいもにうすいヨウ素液《そえき》をつけたとき

発芽する前の種子にうすいヨウ素液《そえき》をつけると青むらさき色になり，でんぷんが多く含《ふく》まれていることがわかります。一方，発芽してしばらくたった子葉《しよう》では，ヨウ素液《そえき》をつけても青むらさき色にならず，でんぷんが少なくなっていることがわかります。

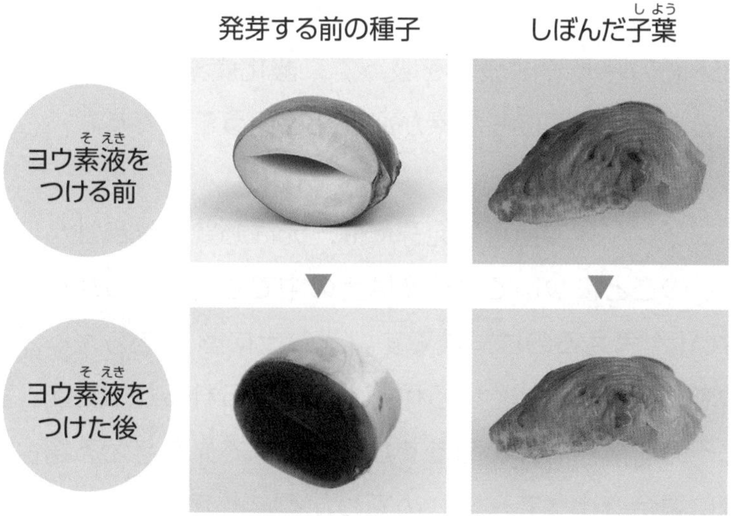

3 植物が成長する条件《じょうけん》

インゲンマメが発芽した後，大きく成長するためには，何が必要でしょうか。

インゲンマメが成長するには，「水・空気・適当《てきとう》な温度」が必要です。さらに，光や肥料《ひりょう》があると，よく成長します。

参考

ヨウ素液《そえき》を実験で使うときには体積比《ひ》10～20倍にうすめて使います。10倍にうすめる，というのはもとのヨウ素液《そえき》の量（体積）1に対して9の量（体積）の水を入れるということです。

発展事項《はってんじこう》 — 余裕《よゆう》のある人向け

発芽に必要な条件《じょうけん》

種子の発芽には空気が必要ですが,「発芽に必要な空気」は正《せい》確《かく》にいうと「酸素《さんそ》」です。地上の空気は窒素《ちっそ》,酸素《さんそ》,二酸化炭《にさんかたん》素《そ》などが混《ま》ざったもの(ただし二酸化炭素《にさんかたんそ》はほんのわずか)です。人間の呼吸《こきゅう》では酸素《さんそ》を吸《す》って二酸化炭素《にさんかたんそ》を出しています。植物の種子の発芽にも酸素《さんそ》が必要だということです。

インゲンマメの種子の発芽には,光は必要ありません。しかし,このことについて「植物は土の中でも発芽するから光は必要ない」と考えるのは危険《きけん》です。「光が土に影響《えいきょう》を与《あた》えるから土の中でも発芽する」という可能性《かのうせい》も考えられるからです。実際《じっさい》にはその可能性《かのうせい》はないのですが,あくまで光を与《あた》える場合と与《あた》えない場合で比《くら》べて,はじめてわかることです。

【種子のつくり】

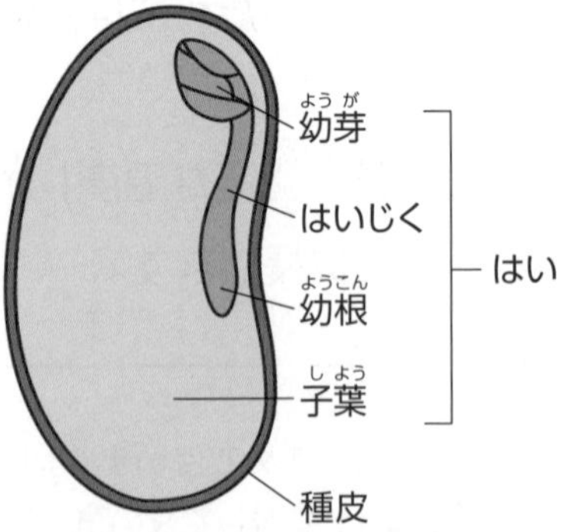

インゲンマメの種子の断面《だんめん》

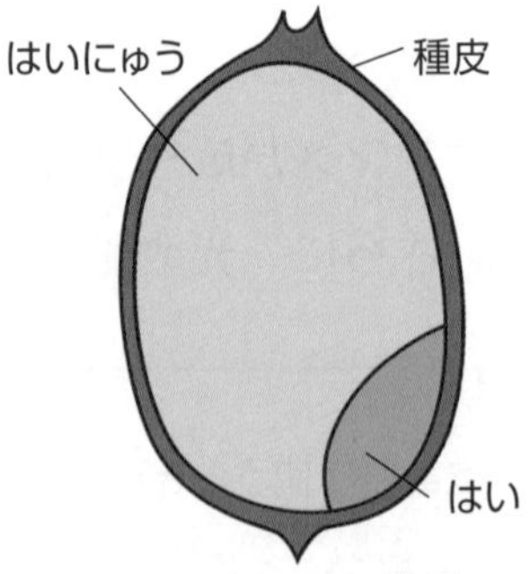

イネの種子の断面《だんめん》

種子は「はい」と「種皮」と「はいにゅう」に分かれます。ただし，はいにゅうがない種子を持つ種類の植物もあります。はいは発芽してから葉・くき・根になる部分です。はいは幼芽《ようが》・幼根《ようこん》・はいじく・子葉《しよう》からなります。

幼芽《ようが》………発芽してから葉になる部分。
幼根《ようこん》………成長して根になる部分。
はいじく…発芽するときに子葉《しよう》を支《ささ》えるくきになる部分。
子葉《しよう》………種子の中のはいにできている，最初の葉。

多くの植物では子葉《しよう》が先に出て，その後本葉《ほんよう》（ふだん「葉」とよんでいる部分）が出てきます。インゲンマメの場合は発芽に必要な養分を子葉《しよう》にたくわえていましたが，発芽に必要な養分を子葉《しよう》でなくはいにゅうという部分にたくわえている種子もあります。

・**無はいにゅう種子**…発芽に必要な養分を子葉《しよう》にたくわえている。ヨウ素液《そえき》をつけると，子葉《しよう》が青むらさき色になる。
インゲンマメ，クリ，ヒマワリ，ヘチマ

・**有はいにゅう種子**…はいにゅうに養分をたくわえている。白米はイネのはいにゅうである。ヨウ素液《そえき》をつけると，はいにゅうが青むらさき色になる。
イネ，カキ，トウモロコシ

有はいにゅう種子

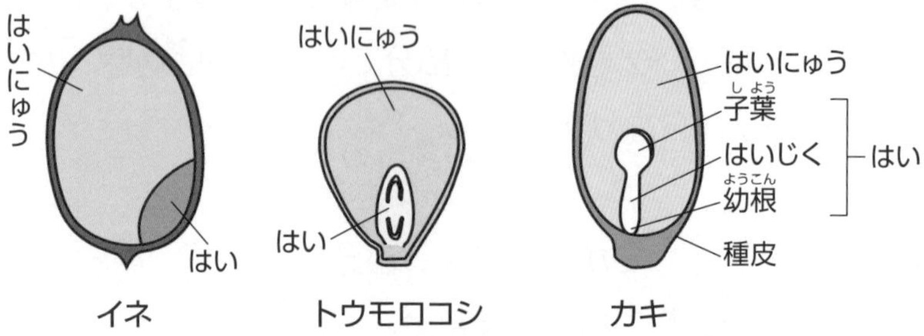

無はいにゅう種子 (インゲンマメ)

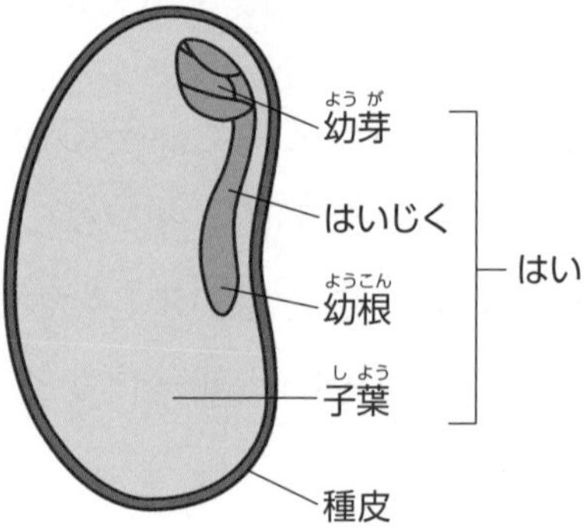

また，子葉《しよう》が１枚《まい》の植物を単子葉類《たんしようるい》，子葉《しよう》が２枚《まい》の植物を双《そう》子葉類《しようるい》といいます。

単子葉類《たんしようるい》にはイネ，トウモロコシなどがあり，双子葉類《そうしようるい》にはカキ，インゲンマメなどがあります。

単子葉類《たんしようるい》と双子葉類《そうしようるい》では，成長した後の根や葉の形も異《こと》なります。

単子葉類《たんしようるい》には有はいにゅう種子が多く，双子葉類《そうしようるい》には無はいにゅう種子が多いです。ただしカキは双子葉類《そうしようるい》ですが，有はいにゅう種子です。

単子葉類《たんしようるい》	双子葉類《そうしようるい》
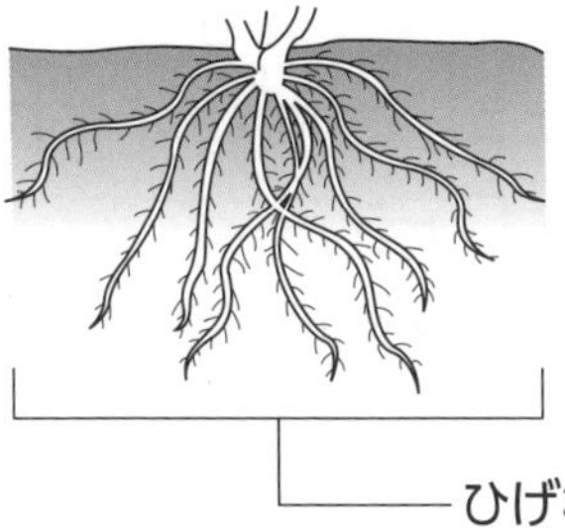	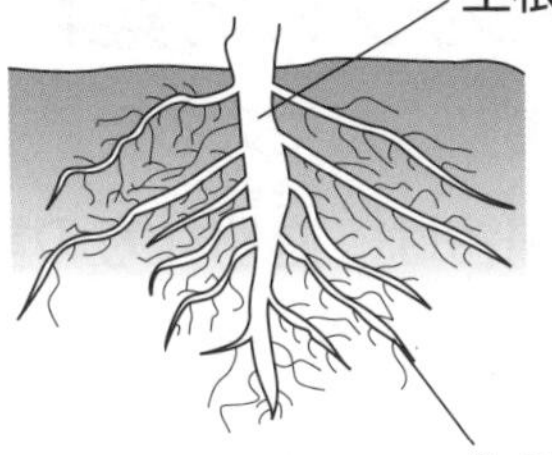
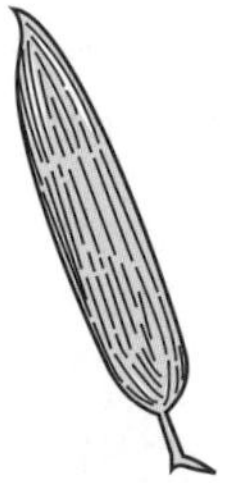 葉脈《ようみゃく》は平行	 葉脈《ようみゃく》はあみ目状《じょう》

確認《かくにん》問題

解答《かいとう》28ページ

1. インゲンマメの発芽

1 次の空らんに入る言葉を答えましょう。選択肢《せんたくし》が示《しめ》されている場合は，適切《てきせつ》な方の言葉を選びましょう。

植物の種子が芽を出すことを【　①　】といいます。

インゲンマメの【　①　】に必要なものを調べます。

水が必要かどうかを調べるには水に関する条件《じょうけん》は【　② 同じ・異《こと》なる　】ようにして，その他の日光・空気・温度に関する条件《じょうけん》は【　③ 同じ・異《こと》なる　】ようにします。

〔①　　　　　②　　　　　③　　　　　〕

2 次のA～Fを読んで，次の空らん①～③に当てはまる記号をすべて答えましょう。また，④～⑦の空らんに入る言葉を答えましょう。

A　水・日光は与《あた》える。空気は与《あた》えない。温度はふだん生活している温度にする。

B　水・日光・空気は与《あた》える。温度はふだん生活している温度にする。

C　日光・空気は与《あた》える。水は与《あた》えない。温度はふだん生活している温度にする。

D　水・空気は与《あた》える。光は与《あた》えない。温度はふだん生活している温度より極端《きょくたん》に低くする。

E　水・空気は与《あた》える。光は与《あた》えない。温度はふだん生活している温度にする。

F　日光は与《あた》える。水・空気は与《あた》えない。温度はふだん生活している温度より極端《きょくたん》に低くする。

AからFのうち，インゲンマメが発芽する可能性《かのうせい》が高いのは【　①　】です。また，インゲンマメの発芽に水が必要かどうかはAからFのうち【　②　】,【　③　】を比《くら》べることによりわかります。

インゲンマメの発芽には【　④　】,【　⑤　】,【　⑥　】が必要であり，上で調べた中では【　⑦　】は必要ありません。

〔①　　　　　　②　　　　　　③　　　　　　〕
〔④　　　　　　　　　⑤　　　　　　　　　　〕
〔⑥　　　　　　　　　⑦　　　　　　　　　　〕

2．インゲンマメの成長

1 次の空らんに入る言葉を答えましょう。選択肢《せんたくし》が示《しめ》されている場合は，適切《てきせつ》な方の言葉を選びましょう。

インゲンマメが発芽した後の成長について考えます。
インゲンマメの種子は「葉（本葉《ほんよう》）・くき・根になる部分」と【　①　】からできています。【　①　】に含《ふく》まれる【　②　】は，発芽や成長に使われます。発芽してしばらくたった【　①　】には【　②　】は【　③ 発芽したときより多く含《ふく》まれており・ほとんど含《ふく》まれていなく　】,【　①　】は【　④ さらにふくらんでいきます・しぼんでしまい, やがて取れてしまいます　】。【　②　】があるかどうかを調べるには【　⑤　】という液体《えきたい》を使います。【　⑤　】には【　②　】を【　⑥　】色に変える性質《せいしつ》があります。

発芽する前の種子にうすい【　⑤　】をつけると【　⑥　】色になりますが，これは種子の中の【　①　】に【　②　】がたくさん含《ふく》まれていたからです。一方，発芽してしばらくたった子葉《しよう》に【　⑤　】をつけても【　⑥　】色にはなりません。

発芽した後の成長には，発芽のときに必要だった【　⑦　】，【　⑧　】，【　⑨　】の他に【　⑩　】や【　⑪　】があるとよく成長します。

〔①　　　　　　　　②　　　　　　　　〕

〔③　　　　　　　　　　　　　　　　　〕

〔④　　　　　　　　　　　　　　　　　〕

〔⑤　　　　　　　　⑥　　　　　　　　〕

〔⑦　　　　　　　　⑧　　　　　　　　〕

〔⑨　　　　　　　　⑩　　　　　　　　〕

〔⑪　　　　　　　　　　　　　　　　　〕

2 1の，発芽してしばらくたった子葉《しよう》に【　⑤　】をつけても【　⑥　】色にはなりません。の理由を１つ答えましょう。

3 下の2つの図において，**1**の，【　①　】の部分を左右の図から1つずつ選びましょう。

インゲンマメの種子

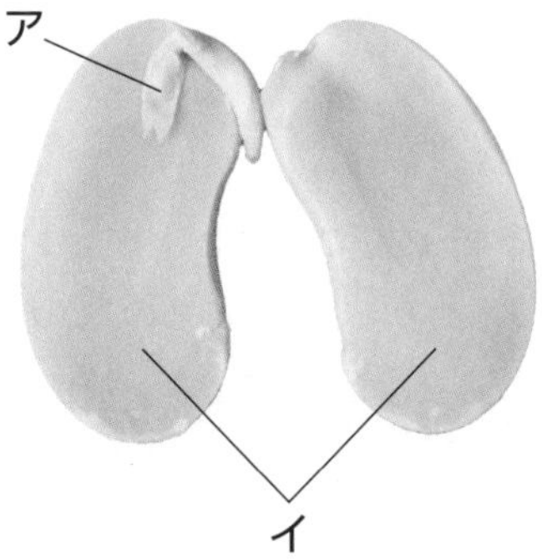

〔　　　　，　　　　〕

解答《かいとう》

問題 24ページ

1. インゲンマメの発芽

1 ①発芽　②異《こと》なる　③同じ

2 ①B，E　②，③B，C (順不同)

④～⑥水，空気，適当《てきとう》な温度 (順不同)

⑦日光 (光)

解説《かいせつ》 ①水，空気，適当《てきとう》な温度がそろっているものを選びます。

②，③BとCでは水に関する条件《じょうけん》だけ異《こと》なり，他の条件《じょうけん》が同じもので，水を与《あた》えた方だけが発芽することから，発芽には水が必要だということがわかります。

2. インゲンマメの成長

1 ①子葉《しよう》　②でんぷん　③ほとんど含《ふく》まれていなく

④しぼんでしまい，やがて取れてしまいます　⑤ヨウ素液《そえき》　⑥青むらさき

⑦～⑨水，空気，適当《てきとう》な温度 (順不同)　⑩，⑪日光 (光)，肥料《ひりょう》 (順不同)

2 発芽や成長のための栄養分 (養分) としてでんぷんが使われてしまったため。

3 イ，エ

気がついたことを書きとめよう

第3章　魚の誕生《たんじょう》

1　メダカのからだ

　メダカのからだの形からオスとメスを区別することはできるのでしょうか。

- **メスには背《せ》びれに切れ込《こ》みがなく，オスには切れ込《こ》みがある。**
- **メスのしりびれは三角形に近いが，オスのは平行四辺形に近い。**
- **メスは，はらがふくれているが，オスはふくれていない。**

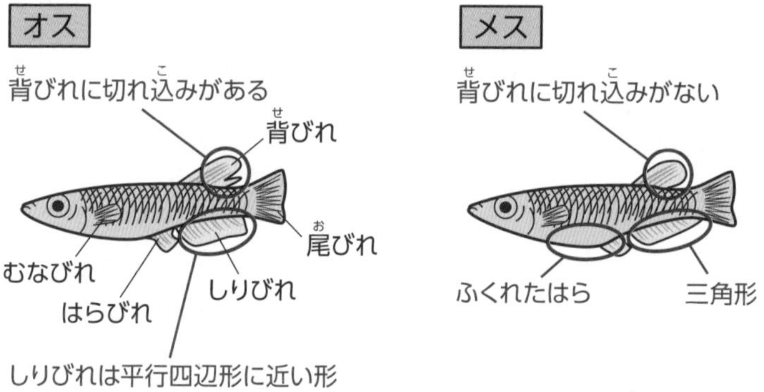

むなびれ	はらびれ	しりびれ	背《せ》びれ	尾《お》びれ
2枚《まい》	2枚《まい》	1枚《まい》	1枚《まい》	1枚《まい》

2 メダカの飼《か》い方

メダカを飼《か》うときにはどのようなことに注意が必要でしょうか。

水槽《すいそう》は明るいところに置きます。ただし，日光が直接《ちょくせつ》当たると水温が高くなり過《す》ぎてしまうので，日光が直接《ちょくせつ》は当たらないところを選びます。

小石や砂《すな》をしいて，くみ置きの水を入れます。水草も植えます。

えさは一度にたくさん与《あた》えるのでなく，毎日２～３回に分けて与《あた》えます。一度にたくさん与《あた》えると，食べ切れなかったえさにより，水が汚《よご》れてしまいます。

水槽《すいそう》の水が汚《よご》れてきたら，半分くらいをきれいなくみ置きの水と入れかえます。

えさとしては，イトミミズや乾燥《かんそう》ミジンコなどが適《てき》しています。

参考

メダカは自分の身を守るため，まわりの環境《かんきょう》の色に合わせたからだの色（保護《ほご》色《しょく》）になっていきます。そのため，同じ種類のメダカでも，池で見るときと飼育《しいく》用《よう》の水槽《すいそう》で見るときでは色がちがうことがあります。

参考

くみ置きの水とは，くんでから１，２日だけ放置したものです。水道水をそのまま使うと，水道水中の塩素《えんそ》（消毒《しょうどく》に使われている）がメダカのからだによくない影響《えいきょう》を与《あた》えてしまいます。そのため，水道水をくみ置きして塩素《えんそ》を抜《ぬ》きます。ただし，３日以上置いていると雑菌《ざっきん》が増《ふ》えてしまいます。

3 メダカの誕生《たんじょう》

メダカはメスが卵《たまご》をうみます。

メスとオスが並《なら》んで泳ぎ，メスが卵《たまご》をうみ，並《なら》んで泳いでいるオスが精子《せいし》を出して卵《たまご》と精子《せいし》が結びつきます。卵《たまご》と精子《せいし》が結びつくことを受精《じゅせい》とよび，受精《じゅせい》した卵《たまご》を受精卵《じゅせいらん》とよびます。

メダカは水草に産卵《さんらん》することが多いですが，魚の種類によって産卵《さんらん》する場所は異《こと》なります。

参考

動物の種類によってはメスがオスに変わることもあります。メダカについてはそのようなことはありません。

参考

メダカの卵《たまご》を見つけたら，卵《たまご》は，水草につけたまま別の容器《ようき》に移《うつ》しかえておくとよいでしょう。

4 卵《たまご》の変化

受精卵《じゅせいらん》はどのように変化していくのでしょうか。

卵《たまご》の中に養分があるので，メダカの子どもは卵《たまご》の中ではその養分を使って育ちます。

メダカの子どもは卵《たまご》の膜《まく》を破《やぶ》って，卵《たまご》からかえります。

①

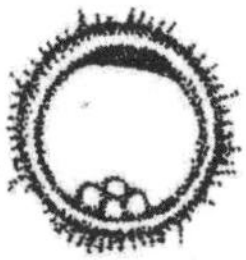

ふくらんだ部分
ができている

②

からだの形が
はっきりしてくる

③

目が目立つよう
になる

④

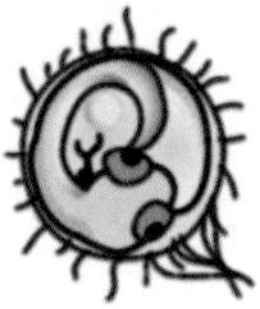

メダカらしくなる。赤い血液《けつえき》が流れている

⑤

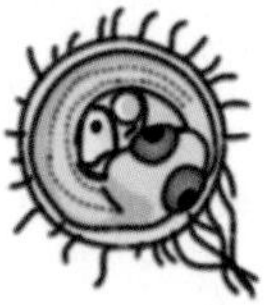

ときどき卵《たまご》の中でからだが動くのが見える

⑥

卵《たまご》からかえった直後のメダカは，はらに養分のふくろがある

参考

卵《たまご》からかえることを「ふ化」といいます。

発《はっ》展《てん》事《じ》項《こう》 ― 余《よ》裕《ゆう》のある人向け

・メダカは春から秋にかけて産卵《さんらん》し，産卵《さんらん》は朝早くに行われることが多いです。光を当てる時間を長くするなどして，冬でも産卵《さんらん》するように飼育《しいく》することもできます。

・水槽《すいそう》に水草を入れるのは，メダカの卵《たまご》がからみつくようにするため，という理由もあります。

・産卵《さんらん》された卵《たまご》は25度前後の水温では，約10日でふ化します。

・メダカの卵《たまご》には付着毛《ふちゃくもう》があり，水草にからみつきやすくなっています。

・メダカの卵《たまご》を親のメダカが食べてしまうことがあります。そのため，飼《か》う際《さい》には卵《たまご》を別の容器《ようき》に移《うつ》しておきましょう。

・ふ化したてのメダカは卵黄《らんおう》とよばれるはらにあるふくらみ部分にたくわえられている栄養分で生きるので，ふ化してから2，3日はえさを食べません。

・メダカを水槽《すいそう》に入れ，上から手をかざして影《かげ》をつくると，メダカは影《かげ》から逃《に》げるように泳ぎます。これは，メダカ自身が危険《きけん》から身を守る反応《はんのう》をとったことの表れです。

気がついたことを書きとめよう

確認問題《かくにん》　解答《かいとう》39ページ

1. メダカのからだ

次の空らんに入る言葉を答えましょう。

A

B

上の図のA，Bのうち，メスは【　①　】です。

オス，メスのうち，背《せ》びれに切れ込《こ》みがあるのは【　②　】であり，しりびれが三角形に近いのは【　③　】で平行四辺形に近いのは【　④　】です。また，はらがふくれているのは【　⑤　】です。

〔①　　　　②　　　　③　　　　〕
〔④　　　　⑤　　　　　　　　　〕

2. メダカの飼《か》い方

次の空らんに入る言葉を答えましょう。選択肢《せんたくし》が示《しめ》されている場合は，適切《てきせつ》なものを選びましょう。

メダカを飼《か》うときに，水槽《すいそう》を置くのは【　①　】にします。

ア　暗いところ

イ　明るく，日光が直接《ちょくせつ》当たるところ

ウ　明るいが，日光が直接《ちょくせつ》は当たらないところ

また，小石や砂《すな》をしいて，水道水をそのまま入れるのではなく【　②　】の水を用います。

えさを与《あた》えるのは【　③2，3日に一度・毎日　】です。

〔①　　　　　　　　　　②　　　　　　　　　　〕

〔③　　　　　　　　　　　　　　　　　　　　　〕

3. メダカの誕生《たんじょう》と卵《たまご》の変化

1 次の空らんに入る言葉を答えましょう。選択肢《せんたくし》が示《しめ》されている場合は，適切《てきせつ》なものを選びましょう。

メスとオスが並《なら》んで泳ぎ，メスが卵《たまご》をうみ，並《なら》んで泳いでいるオスが精子《せいし》を出して卵《たまご》と精子《せいし》が結びつきます。このことを【　①　】といいます。メダカはうんだ卵《たまご》を主に【　②水・水草・小石　】につけます。

メダカの子どもは【　③　】の中にある養分を使って育ち，やがて【　③　】の膜《まく》を破《やぶ》って【　③　】からかえります。このことを【　④　】といいます。

〔①　　　　　　　　　　②　　　　　　　　　　〕

〔③　　　　　　　　　　④　　　　　　　　　　〕

2 次の図はメダカの卵《たまご》の各段階《だんかい》を表しています。図を見ながら，以下の問いに答えましょう。

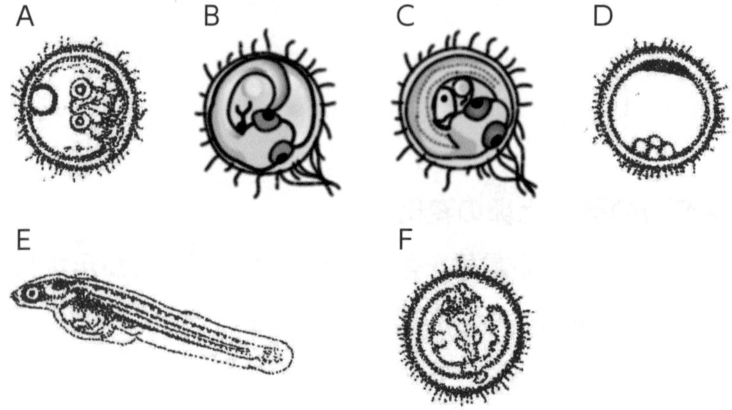

⑴　受精《じゅせい》してから育っていく順に左から並《なら》べましょう。

〔　　→　　→　　→　　→　　→　　〕

⑵　次の空らんに入る言葉を答えましょう。選択肢《せんたくし》が示《しめ》されている場合は，適切《てきせつ》なものを選びましょう。

・図Bについて黒く見えている部分は【　①　】です。

・受精《じゅせい》してから【　②　】するまでの期間はおよそ

【　③ 3日前後・1週間（7日）前後・10日前後　】です。

〔①　　　　　　②　　　　　　〕

〔③　　　　　　　　　　　　　〕

解答《かいとう》

問題 36ページ

1. メダカのからだ

①A　②オス　③メス　④オス　⑤メス

2. メダカの飼《か》い方

①ウ

②くみ置き

③毎日

解説《かいせつ》 ①光は当たるが，水温が上昇《じょうしょう》しにくいような場所に置きます。

②水道水には塩素《えんそ》が入っているので水道水をそのまま使うことはしません。

③一度にたくさん与《あた》えてしまうと，食べ切れなかったえさが水中に残り，水が汚《よご》れてしまいます。

3. メダカの誕生《たんじょう》と卵《たまご》の変化

1 ①受精《じゅせい》　②水草　③卵《たまご》　④ふ化

2 (1)D → F → A → B → C → E

(2)①目　②ふ化　③10日前後

解説《かいせつ》 (1)目がない → 目ができる → 目が黒くなる　に注目しましょう。

第4章 植物の花・実

1 めしべとおしべ

花には, 動物のメスとオスに当たるものはあるのでしょうか。

・アブラナ

アブラナは, ふだん「菜の花」とよばれることも多く, 昔から人びとに親しまれています。

アブラナの花にはめしべとおしべがあります。めしべとおしべが動物のメスとオスに当たるものといえます。

めしべにはふくらんだ部分がありますが, その部分が育って実になります。

実の中にはたくさんの種子があり, 種子が育つとアブラナの花になります。

アブラナの花にはめしべやおしべの他に,「花びら」や「がく」があります。

参考

ふだん「たね」とよばれているものは「種子」の場合と「実」の場合があります。

・アブラナやアサガオの場合, 1つの実の中にたくさんの種子が入っていて, その種子がたねとよばれています。

・ヒマワリの場合, 1つの実の中に1つの種子が入っていて, その実がたねとよばれています。

アブラナではおしべが6本, めしべが1本あります。おしべの6本のうち, 2本は(他の4本よりも)短くなっています。

アブラナだけでなく，アサガオも１つの花の中にめしべとおしべがあります。

(花びらを1枚《まい》外したところ)

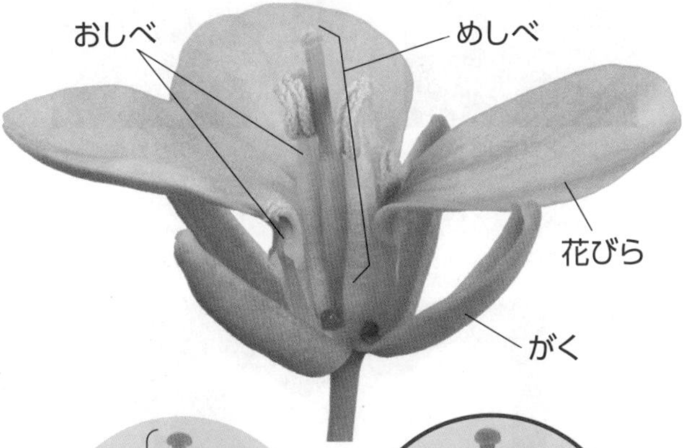

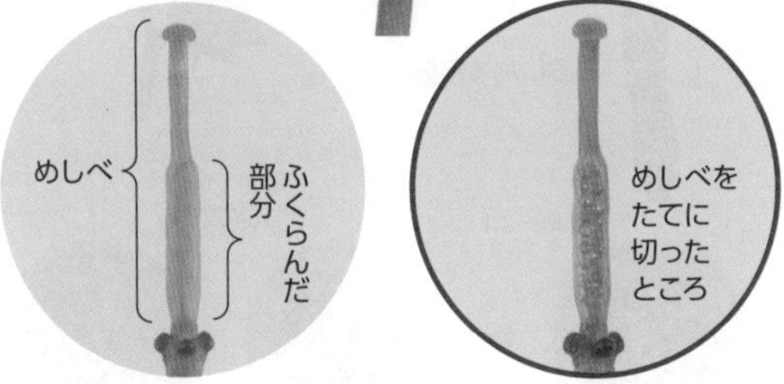

・ヘチマ

ヘチマにはめばなとおばなという２種類の花がさきます。めばなとおばなでは花のつくりが異《こと》なります。

めばな

おばな

1つの花にめしべとおしべがあるなかま

アブラナ

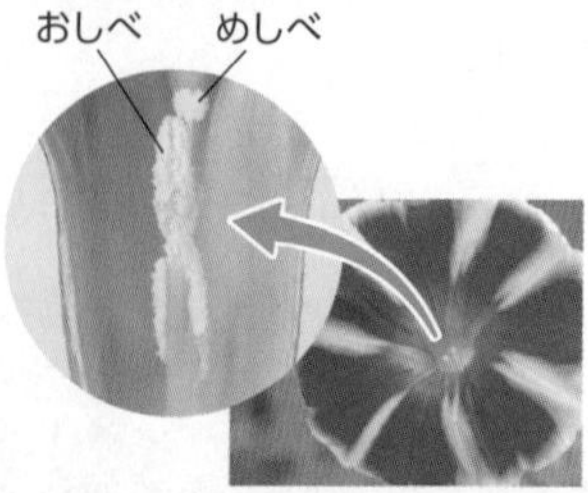

アサガオ

ヘチマの花のつくり

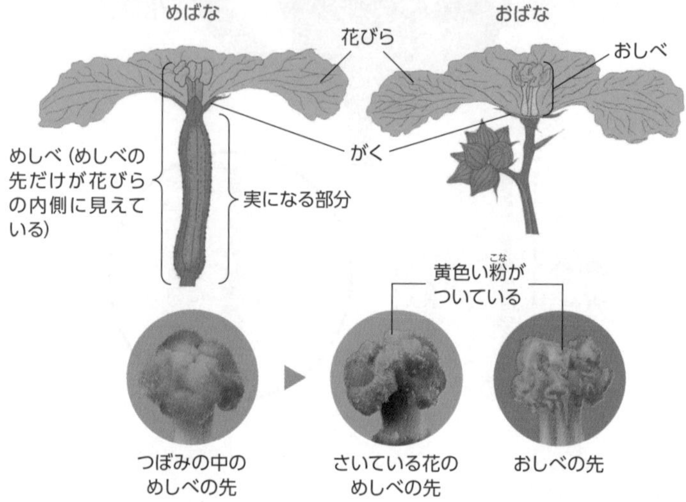

オモチャカボチャの花のつくり

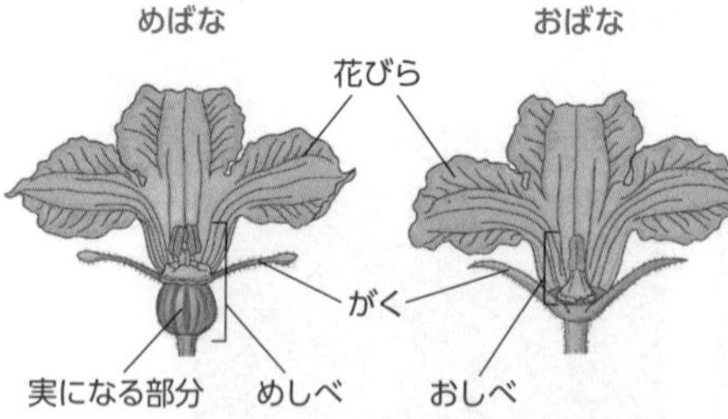

アサガオの花のつくり

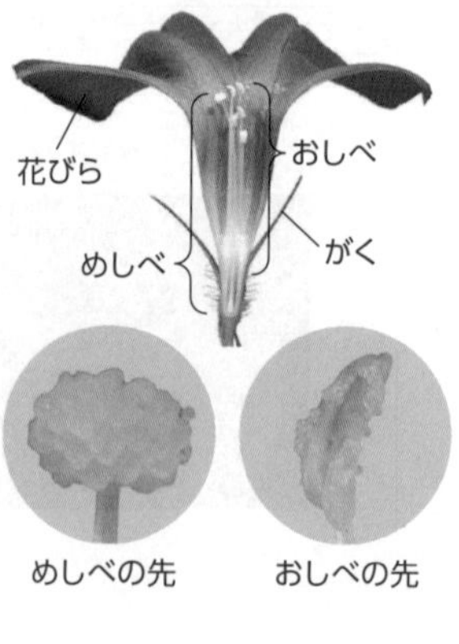

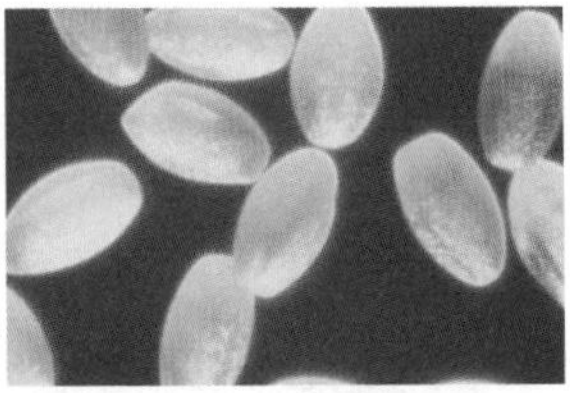

ヘチマの花粉《かふん》

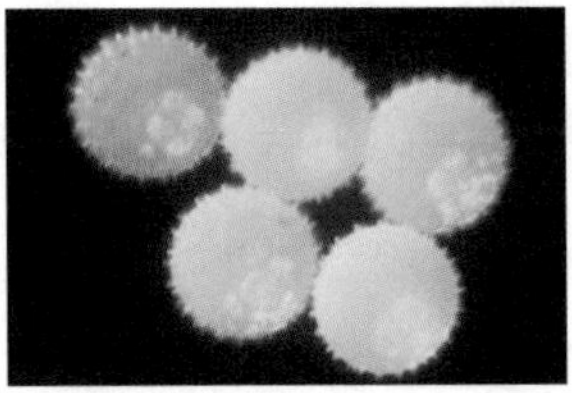

アサガオの花粉《かふん》

ヘチマのめばなにはめしべがあり，おばなにはおしべがあります。めしべはふくらんだ形をしています。

おしべの先についている粉《こな》を花粉《かふん》といい，その花粉《かふん》がめしべの先につきます。花粉《かふん》がめしべの先につくことを受粉《じゅふん》といい，受粉《じゅふん》することで実ができます。

ヘチマの場合，ハチなどの昆虫《こんちゅう》がおしべの花粉《かふん》をめしべに運んでいきます。

ヘチマの場合, 受粉《じゅふん》する前にめばなの花がさきます。しかし, 受粉《じゅふん》しないと実ができることはありません。

アサガオはヘチマとちがい，1つの花にめしべとおしべがありますが，アサガオでもめしべの先に花粉《かふん》がつかないようにすると実はできません。

参考

動物の多くは, 精子《せいし》と卵（「たまご」または「らん」）が結びつくことにより子どもが誕生《たんじょう》します。同じように, ヘチマではめしべに花粉《かふん》がつくことにより実ができるということです。
ヘチマの場合, つぼみのめしべには最初は花粉《かふん》がついていません。花がさいた後, ハチなどがおばなからめばなに花粉《かふん》を運び, めばなにあるめしべに花粉《かふん》をつけ, 受粉《じゅふん》します。

2 顕微鏡《けんびきょう》の使い方

顕微鏡《けんびきょう》を運ぶときには，両手で持ちます。また，観察が終わった後は汚《よご》れをふき取り，ケースに入れておきましょう。

①先に接眼《せつがん》レンズを取りつけ，後から対物レンズを取りつけます。

※つつの中にほこりが入らないようにするためです。

②接眼《せつがん》レンズをのぞきながら，反射鏡《はんしゃきょう》の角度を調整して視野《しや》が明るくなるようにします。

③プレパラートをステージ（のせ台）にのせて，クリップでとめます。

④接眼《せつがん》レンズを見るのでなく，顕微鏡《けんびきょう》を横から見ながら，調節ねじを回して，対物レンズをプレパラートに近づけます。接《せつ》眼《がん》レンズを見ながらだと，プレパラートと対物レンズがぶつ

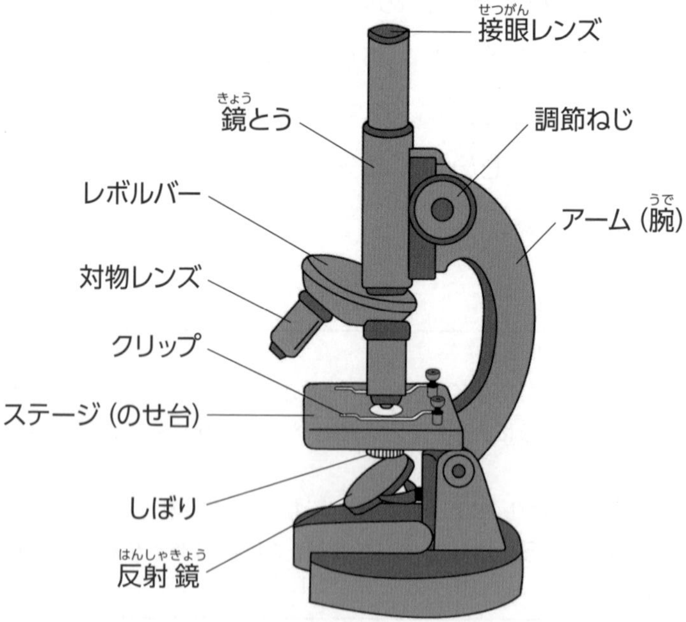

かり，プレパラートが割《わ》れてしまうことがあります。

⑤接眼《せつがん》レンズをのぞきながら，調節ねじを回して，今度は対物レンズをプレパラートから遠ざけて，ピントを合わせます。

⑥プレパラートを動かして，見るものが視野《しや》の中央にくるように調整します。

接眼《せつがん》レンズの倍率《ばいりつ》と対物レンズの倍率《ばいりつ》をかけると，顕微鏡《けんびきょう》の倍率《ばいりつ》になります。

接眼《せつがん》レンズの倍率《ばいりつ》が20倍，対物レンズの倍率《ばいりつ》が30倍のときは顕微鏡《けんびきょう》の倍率《ばいりつ》は600倍になります。

これはものの長さが実際《じっさい》の600倍になるということであり，面積は

$$600 \times 600 = 360000 \text{倍}$$

になります。

観察は低い倍率《ばいりつ》（倍率《ばいりつ》が小さい）から行う方がよいです。最初から高い倍率《ばいりつ》で見ると，大きく拡大《かくだい》され過《す》ぎていて，どの部分を見ているのか見当がつきません。

顕微鏡《けんびきょう》で見えるものは，実際《じっさい》と上下左右が反対になっています。見えているものを右上に動かしたいときにはプレパラートを左下に動かすことになります。

プレパラートを左下に動かす。

発《はっ》展《てん》事《じ》項《こう》 ― 余《よ》裕《ゆう》のある人向け

花の分類

花の分類（なかま分け）の方法は1通りでなく，いくつかあります。

①本章で学んだように，めしべ（雌《め》しべ）とおしべ（雄《お》しべ）が同じ花にあるか否《いな》（そうでない）か。

●同じ花にある → **両《りょう》性《せい》花《か》**

（例：アサガオ，アブラナ，イネ，ツツジ）

両《りょう》性《せい》花《か》の例

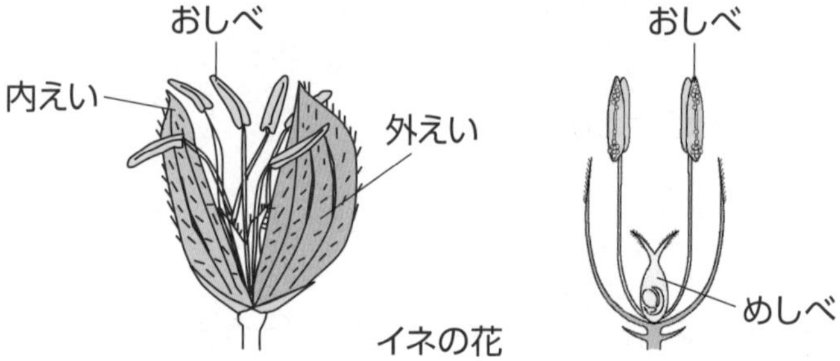

イネの花

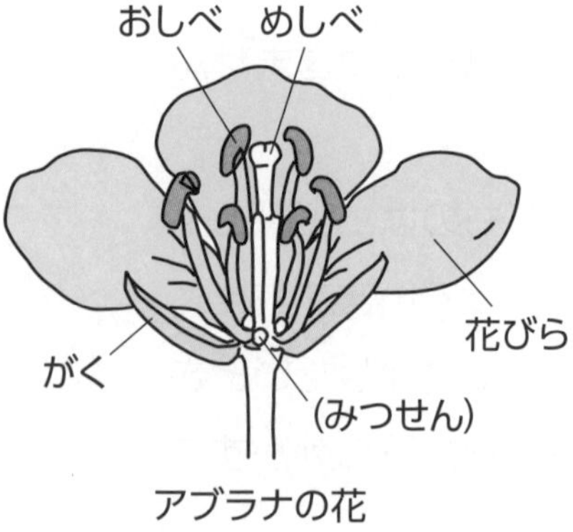

アブラナの花

●別の花にある → **単性花《たんせいか》**

単性花《たんせいか》でもさらに「おばなとめばなが同じ根もとから出ているもの」（例：カボチャ，ヘチマ）と「おばなとめばなが異《こと》なる根もとから出ているもの」（例：イチョウ）に分かれます。

②花の４要素《ようそ》とよばれるめしべ，おしべ，花びら，がくがそろっているか否《いな》か。

●そろっている → **完全花《かんぜんか》**
（例：アサガオ，アブラナ，サクラ，タンポポ）

●そろっていない → **不完全花《ふかんぜんか》**
（例：イネ，カボチャ，ヘチマ）

完全花《かんぜんか》の例

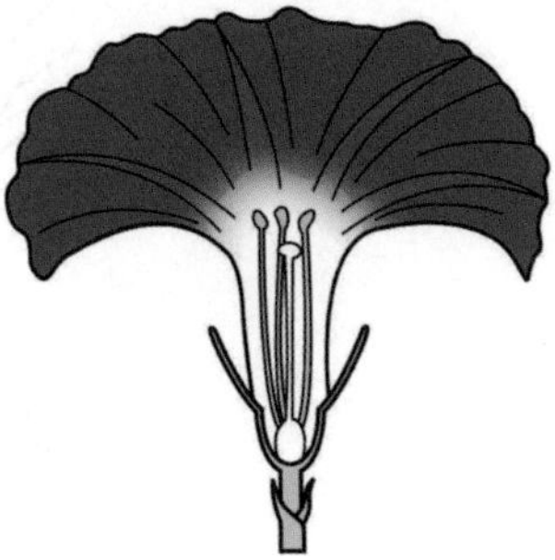

アサガオの花

③花びらがつながっているか離《はな》れているか。

●つながっている → **合弁花《ごうべんか》**
（例：アサガオ，タンポポ，ツツジ）

●離《はな》れている → **離弁花《りべんか》**
（例：アブラナ，サクラ）

合弁花《ごうべんか》の例

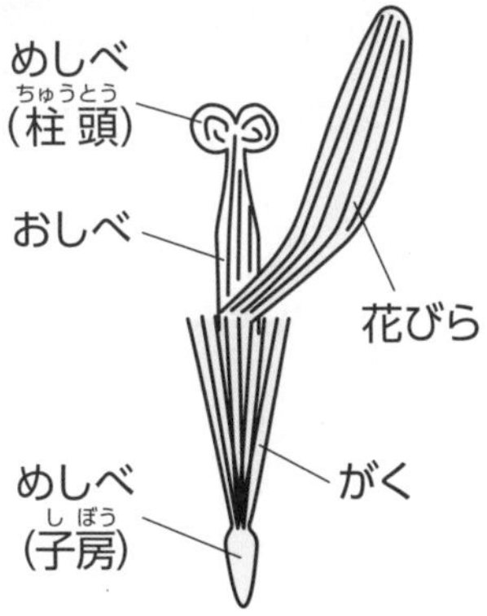

タンポポの花

④花粉《かふん》が何によって運ばれるか。

●虫が花粉《かふん》を運ぶ → **虫媒花**《ちゅうばいか》

(例：アブラナ，バラ，イチゴ，ヘチマ)

●風が花粉《かふん》を運ぶ → **風媒花**《ふうばいか》

(例：トウモロコシ，マツ)

風媒花《ふうばいか》の例

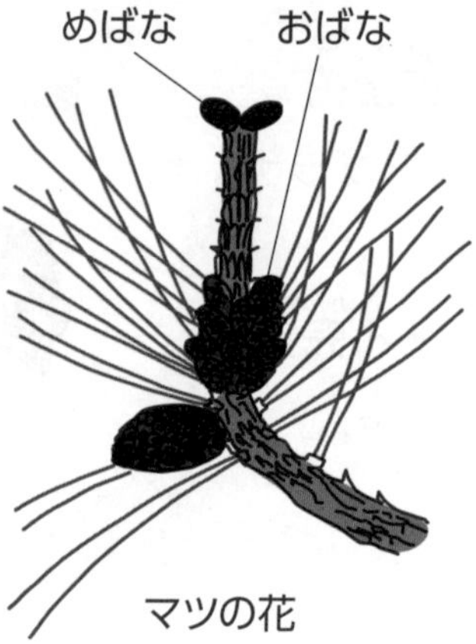

マツの花

また花粉《かふん》が同じ花のめしべにつくことを自家受粉《じかじゅふん》といい，他の花のめしべにつくことを他家受粉《たかじゅふん》といいます。自家受粉《じかじゅふん》する花，他家受粉《たかじゅふん》する花がありますが，自家受粉《じかじゅふん》と他家受粉《たかじゅふん》の両方をする花もあります。

花のつくり

子房《しぼう》は果実になる部分で，はいしゅが種子になる部分です。

はいしゅが子房《しぼう》の中にある植物を被子《ひし》植物といい，下の図は被子《ひし》植物の花です。

被子《ひし》植物でない裸子《らし》植物にはイチョウ，スギ，マツ，ヒノキなどがあり，日常《にちじょう》で見かける植物についてはこの4つを除《のぞ》けばほとんど被子《ひし》植物と思ってよいでしょう。

被子《ひし》植物の花のつくりの例

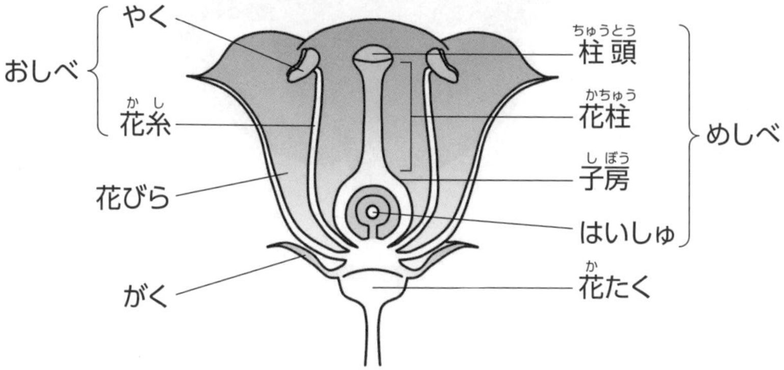

確《かく》認《にん》問題　解答《かいとう》55ページ

1. アブラナ

1 次の①～④の名前を答えましょう。また，空らん⑤～⑦に入る言葉を答えましょう。

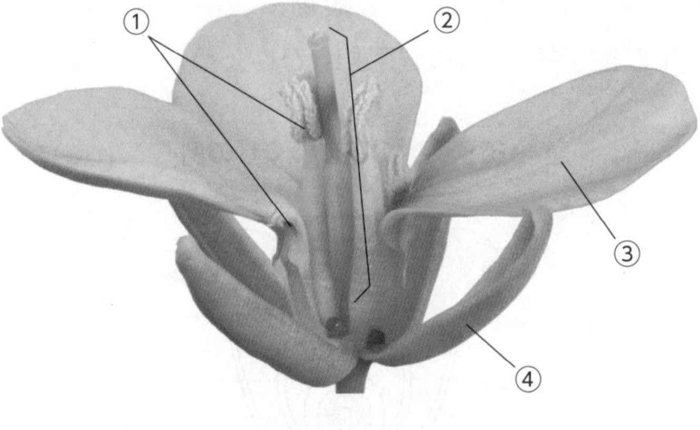

〔①　　　　　　②　　　　　　〕
〔③　　　　　　④　　　　　　〕

実になるのは①～④のうち【　⑤　】のもと（先端《せんたん》と逆《ぎゃく》側）の部分であり，実の中には【　⑥　】があります。

花びらやがくを外すとき，右図のような【　⑦　】という道具を使うとうまく外せます。

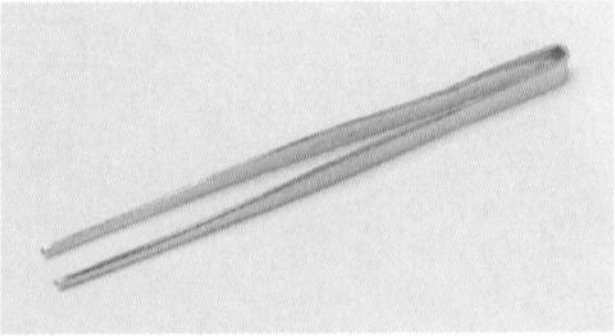

〔⑤　　　　　⑥　　　　　⑦　　　　　〕

2 次の空らんに入る言葉を答えましょう。

右図の㋐部分のような，さく前の花は【　　　　　】とよばれます。

〔　　　　　　　　〕

3 以下の図を育つ順に並《なら》べ，記号で答えましょう。

①

②
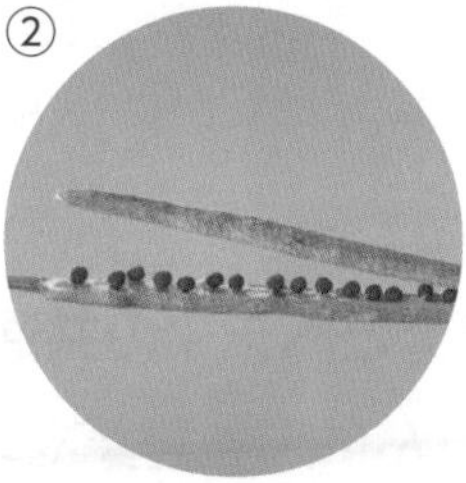

③
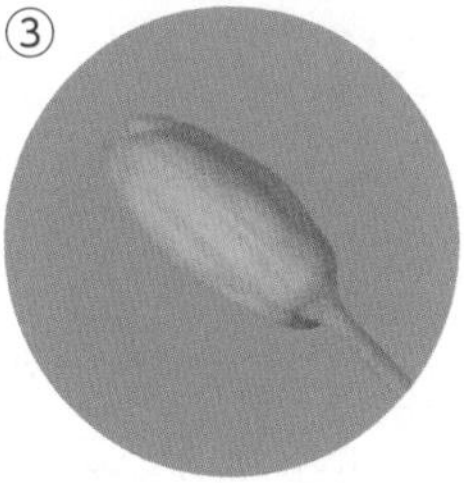

④
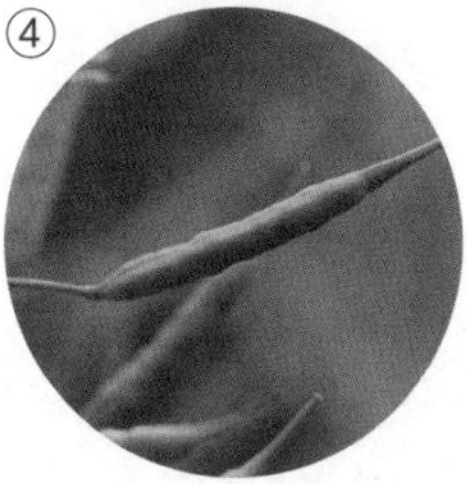

〔　　　　→　　　　→　　　　→　　　　〕

2. ヘチマ

次の空らんに入る言葉を答えましょう。選択肢《せんたくし》が示《しめ》されている場合は，適切《てきせつ》な方の言葉を選びましょう。

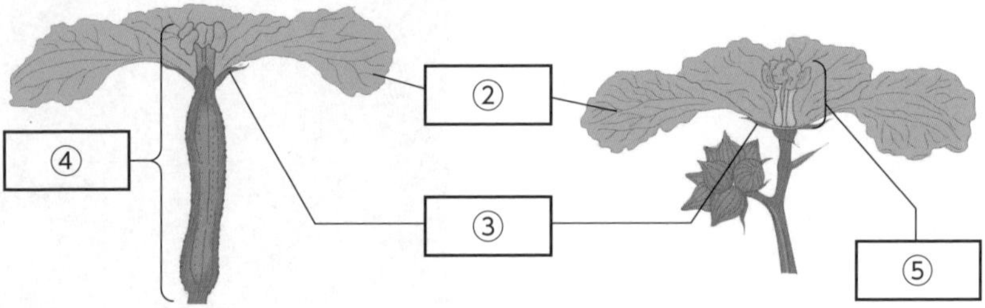

上の絵のうち，めばなは【　① 左の絵・右の絵　】です。

また，実になるのは②〜⑤のうち【　⑥　】のもと（先端《せんたん》と逆《ぎゃく》側）の部分です。

【①　　　　　　②　　　　　　③　　　　　　】

【④　　　　　　⑤　　　　　　⑥　　　　　　】

3. アブラナとヘチマの共通点とちがい

次の空らんに入る言葉を答えましょう。選択肢《せんたくし》が示《しめ》されている場合は，適切《てきせつ》な方の言葉を選びましょう。

【　① アブラナ・ヘチマ　】は1つの花にめしべとおしべが両方あります。一方，【　② アブラナ・ヘチマ　】はめしべのある【　③　】とおしべのある【　④　】が分かれています。

おしべの先についている粉《こな》を【　⑤　】といいます。

【　⑤　】はもともと【　⑥　】の先についていますが，昆《こん》虫《ちゅう》に運ばれたり風に運ばれたりして【　⑦　】の先につきます。【　⑤　】がめしべの先につくことを【　⑧　】といい，

【　⑧　】することで実ができます。

〔①　　　　　　　　②　　　　　　　　〕

〔③　　　　　　　　④　　　　　　　　〕

〔⑤　　　　　　　　⑥　　　　　　　　〕

〔⑦　　　　　　　　⑧　　　　　　　　〕

4. 顕《けん》微鏡《びきょう》の使い方

1 次の①～⑩の名前を答えましょう。

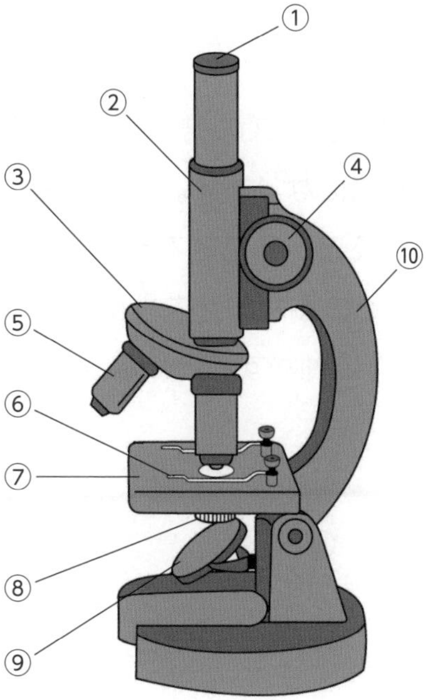

〔①　　　　　　　　〕

〔②　　　　　　　　〕

〔③　　　　　　　　〕

〔④　　　　　　　　〕

〔⑤　　　　　　　　〕

〔⑥　　　　　　　　〕

〔⑦　　　　　　　　〕

〔⑧　　　　　　　　〕

〔⑨　　　　　　　　〕

〔⑩　　　　　　　　〕

2 次の空らんに入る言葉を答えましょう。

接眼《せつがん》レンズ・対物レンズのうち，先に取りつけるのは【 ⑪ 】です。

【 ⑫ 】をステージ（のせ台）にのせてクリップでとめます。接眼《せつがん》レンズを見るのでなく，顕微鏡《けんびきょう》を横から見ながら，【 ⑬ 】を回して，対物レンズを【 ⑫ 】に近づけます。その後，接眼《せつがん》レンズをのぞきながら，【 ⑬ 】を回して，今度は対物レンズを【 ⑫ 】から遠ざけて，ピントを合わせます。

接眼《せつがん》レンズの倍率《ばいりつ》が20倍，対物レンズの倍率《ばいりつ》が40倍のときは顕微鏡《けんびきょう》の倍率《ばいりつ》は【 ⑭ 】倍になります。これはものの長さが実際《じっさい》の【 ⑭ 】倍になるということであり，面積は【 ⑮ 】倍になります。見えているものを右下に動かしたいときには【 ⑫ 】を【 ⑯ 】に動かすことになります。

〔⑪　　　　⑫　　　　〕
〔⑬　　　　⑭　　　　〕
〔⑮　　　　⑯　　　　〕

解《かい》答《とう》

問題 50ページ

1. アブラナ

1 ①おしべ　②めしべ　③花びら　④がく

⑤ ②(めしべ)　⑥種子　⑦ピンセット

2 つぼみ

3 ③→①→④→②

解説《かいせつ》 閉じていたつぼみが開いて花がさきます。その後，めしべは実となり，実の中には種子ができます。

2. ヘチマ

①左の絵　②花びら　③がく　④めしべ　⑤おしべ　⑥ ④(めしべ)

3. アブラナとヘチマの共通点とちがい

①アブラナ　②ヘチマ　③めばな　④おばな

⑤花粉《かふん》　⑥おしべ　⑦めしべ　⑧受粉《じゅふん》

4. 顕微鏡《けんびきょう》の使い方

1 ①接眼《せつがん》レンズ　②鏡《きょう》とう　③レボルバー　④調節ねじ　⑤対物レンズ

⑥クリップ　⑦ステージ(のせ台)　⑧しぼり　⑨反射鏡《はんしゃきょう》　⑩アーム(腕《うで》)

2 ⑪接眼《せつがん》レンズ　⑫プレパラート　⑬調節ねじ

⑭800　⑮640000　⑯左上

解説《かいせつ》 ⑪つつの中にほこりが入らないようにするためです。

⑭接眼《せつがん》レンズの倍率《ばいりつ》と対物レンズの倍率《ばいりつ》をかけた値《あたい》が，顕微鏡《けんびきょう》の倍率《ばいりつ》になります。

⑮正方形の１辺の長さが800倍になると(たての長さも横の長さも800倍になるので)面積は800×800＝640000倍になります。

⑯顕微鏡《けんびきょう》で見えるものは，実際《じっさい》と上下左右が反対になっています。

第5章 台風とその影響《えいきょう》

1 台風の発生

日本には夏の終わりから秋にかけて台風がきます。では，どこで発生しているのでしょうか。

台風は南の方で発生し，はじめは西へ動きますが，その後北や東へ動く，という場合が多いです。

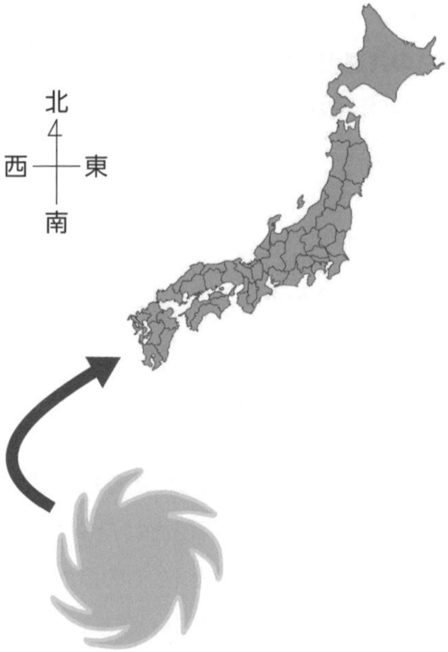

参考

熱帯低気圧《ていきあつ》が発達して中心の風速が秒速17.2mをこえたものを台風とよびます。

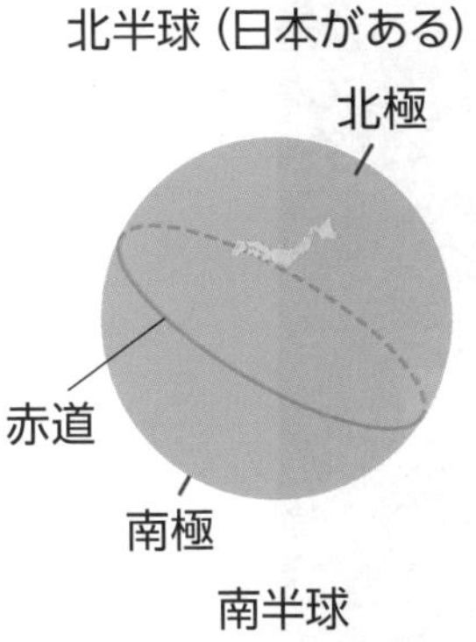

過去《かこ》に発生した台風の月ごとの主な進路

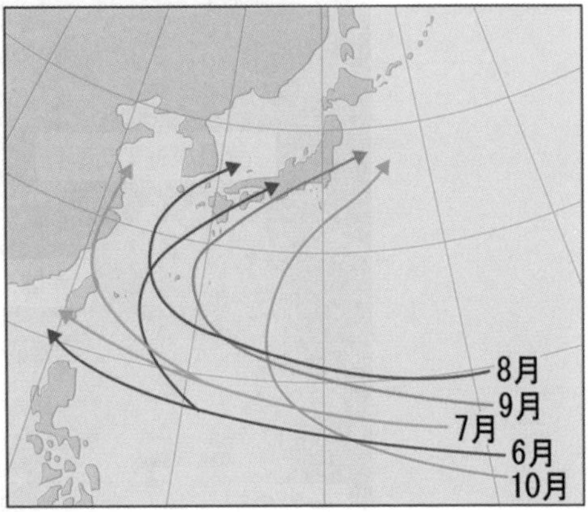

2 風の強さ

天気予報《よほう》では，風の強さを次のような言葉で表しています。

やや強い風：風速が秒速10 ～ 15m。電線や木はゆれて，風に向かって歩くことが難《むずか》しい。

強い風：風速が秒速15 ～ 20m。シャッターや雨戸もゆれて，多くの人は風に向かって歩くことができない。

非常《ひじょう》に強い風：風速が秒速20 ～ 30m。屋《や》根瓦《ねがわら》が落ちることもあり，多くの人は立っていることができない。

もうれつな風：風速が秒速30m以上。木が倒《たお》れたり車が転倒《てんとう》する。

3 台風の進路と風の向き

北半球においては，台風の中心では反時計《とけい》回り（左回り）に風が吹《ふ》き込《こ》みます。そのため，台風の東側では風や雨が強くなります。

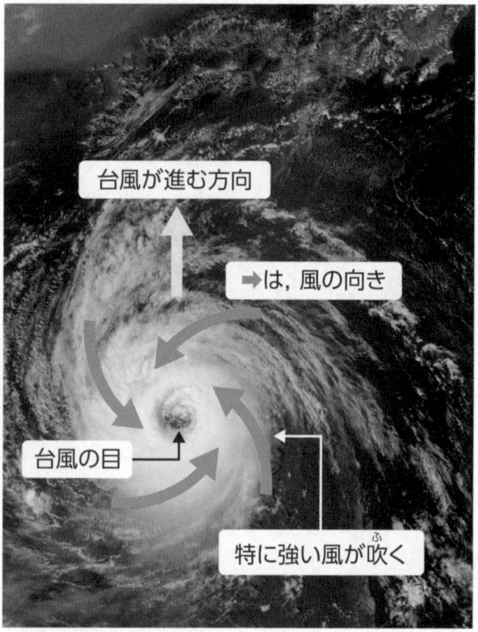

台風の進路と風の向き

下の図において，

・✕は現在《げんざい》の台風の中心の位置を表す
・小さな赤い円は暴風域《ぼうふういき》とよばれ，風速が秒速25m以上である風が吹《ふ》いているところを表す
・黄色の円は強《きょう》風域《ふういき》とよばれ，風速が秒速15m以上である風が吹《ふ》いているところを表す
・暴風域《ぼうふういき》からのびている赤の枠《わく》は暴風警戒域《ぼうふうけいかいいき》と

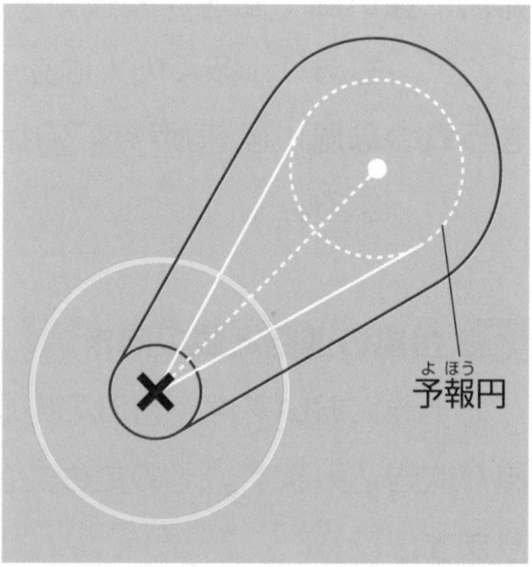

よばれ，今後暴風域《ぼうふういき》になると予想されるところを表す

・点線の円は予報《よほう》円とよばれ，今後台風の中心が進むと予想されるところを表す

4 台風による災害《さいがい》

ハザードマップという，災害《さいがい》の度合いを予測《よそく》した地図をつくっている市町村もたくさんあります。

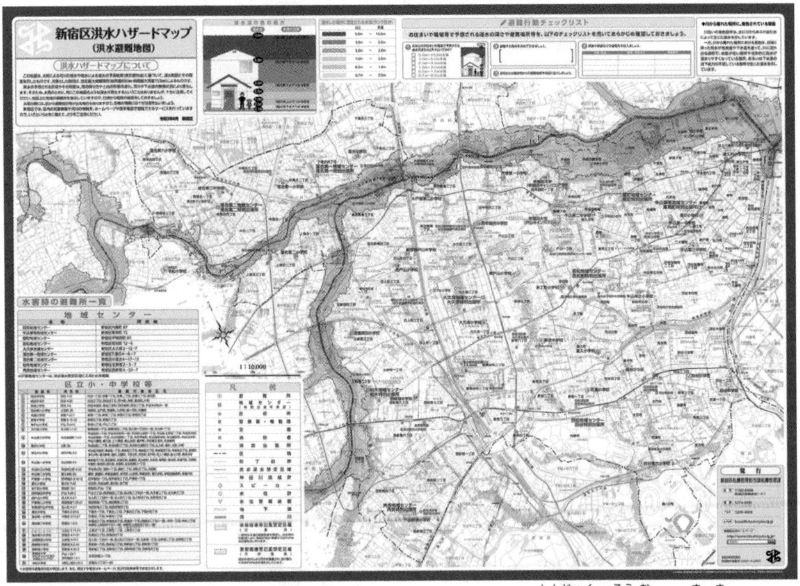

出典：新宿《しんじゅく》区総務《そうむ》部 危機《きき》管理課

また，数十年に一度の大雨が予想される場合には気象庁《きしょうちょう》によって大雨特別警報《けいほう》が発表されます。

台風による災害《さいがい》には，しっかりと対策《たいさく》をしなければなりません。一方，台風がもたらす雨によって，水不足が解消《かいしょう》されることもあります。

発展事項《はってんじこう》 ―― 余裕《よゆう》のある人向け

周囲《しゅうい》よりも気圧《きあつ》が高い場所（あるいは，周囲《しゅうい》よりも気圧《きあつ》が高い状況《じょうきょう》）を高気圧《こうきあつ》といいます。一方，周囲《しゅうい》よりも気圧《きあつ》が低い場所（あるいは，周囲《しゅうい》よりも気圧《きあつ》が低い状況《じょうきょう》）を低気圧《ていきあつ》といいます。

高気圧《こうきあつ》と低気圧《ていきあつ》の断面《だんめん》

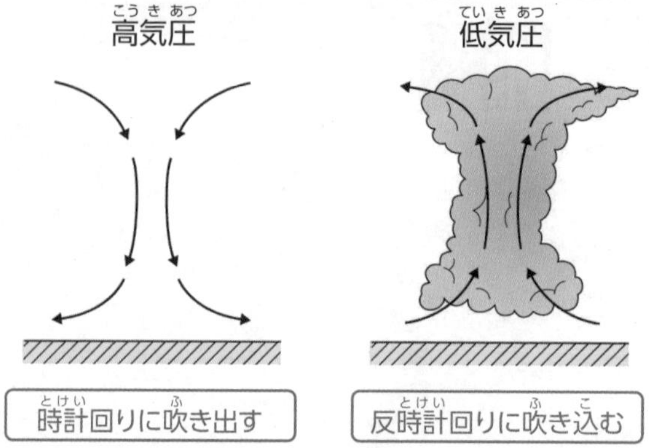

高気圧《こうきあつ》と低気圧《ていきあつ》の地表付近の風向き（北半球の場合）

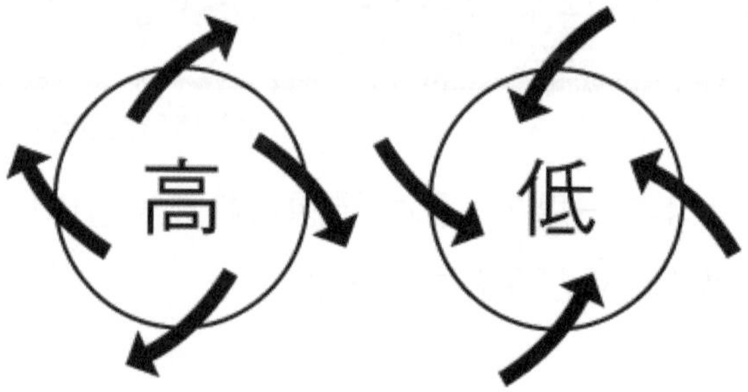

空気は，高気圧《こうきあつ》の地点から低気圧《ていきあつ》の地点へ流れようとします。「低気圧《ていきあつ》の地点は空気がうすく，空気が濃《こ》い場所からうすい場所へ流れてくる」とイメージすればよいでしょう。

さて，北半球では台風による風が反時計《とけい》回り（左回り）に吹《ふ》き込《こ》む理由を考えます。

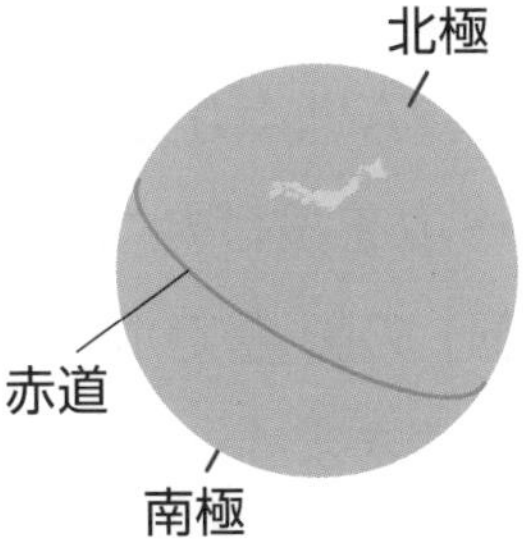

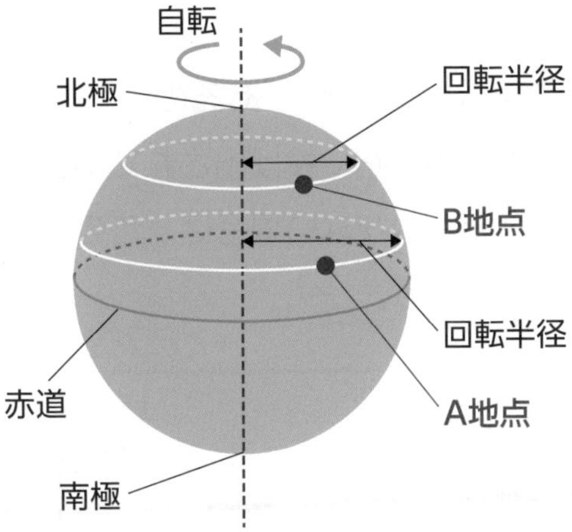

地球は1日（24時間）で1回転しています。これを自転とよびますが，自転の向きは北極の上方から見ると反時計《とけい》回りです。

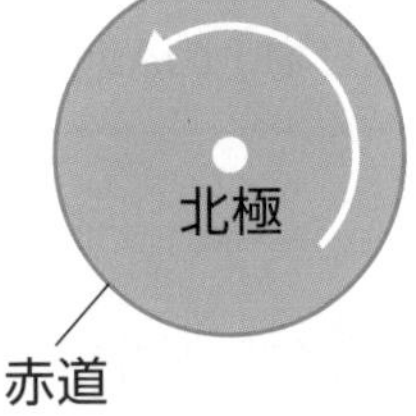

そして上の図のA地点とB地点では，A地点の方が回転半径が大きい分，自転の速さも大きくなります。

Ａ地点からＢ地点に向かってボールを投げるとします。

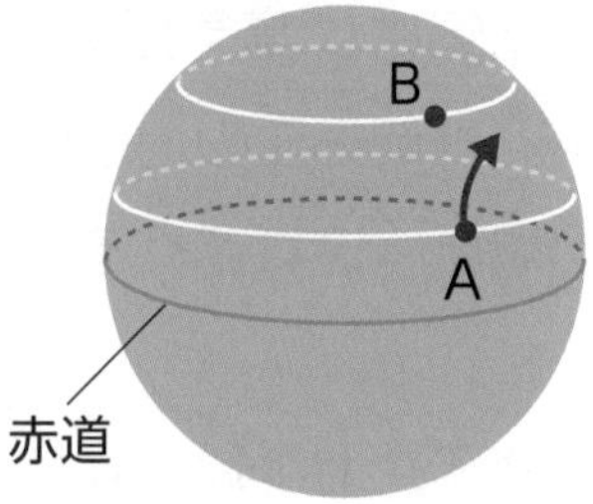

Ａ地点もＢ地点も反時計《とけい》回りに自転していますが，Ａ地点の方が速いので，Ａ地点からＢ地点をめがけてボールを投げたつもりでも，「速い自転」の影響《えいきょう》でボールはＢ地点より右に着きます。

下の図のような例で考えると，まっすぐ投げたつもりでも，時速60kmの乗り物の影響《えいきょう》があるので，外で静止している人から見ると，ボールは右に投げ出されています。

自転でイメージがつかない場合は，この乗り物の図でイメージするとよいでしょう。

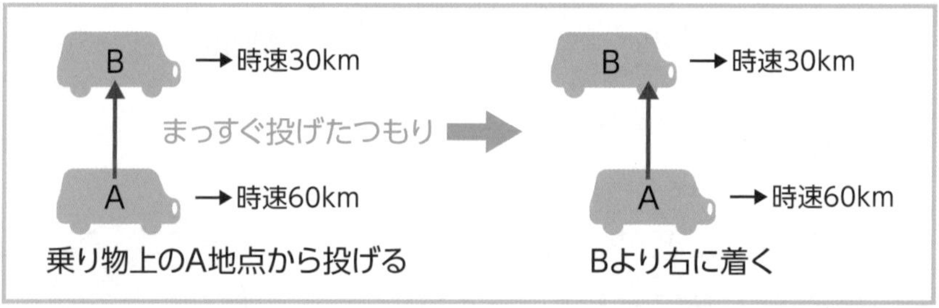

今度は，Ｂ地点からＡ地点にボールを投げます。

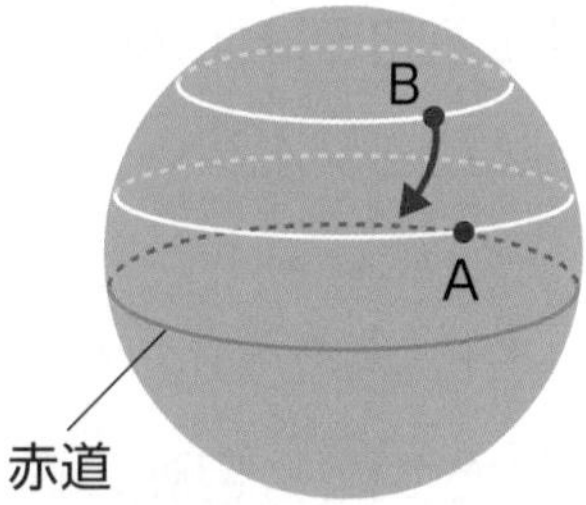

A地点の方がより速く,「先に」進むので，左ページ下の図のように，Aより左に着きます。

台風の話に戻《もど》りましょう。

台風の中心は気圧《きあつ》が低くなっているので,「空気は気圧《きあつ》が高い方から低い方へ移動《いどう》する」ことから,風は台風の中心に向かって吹《ふ》き込《こ》みます。

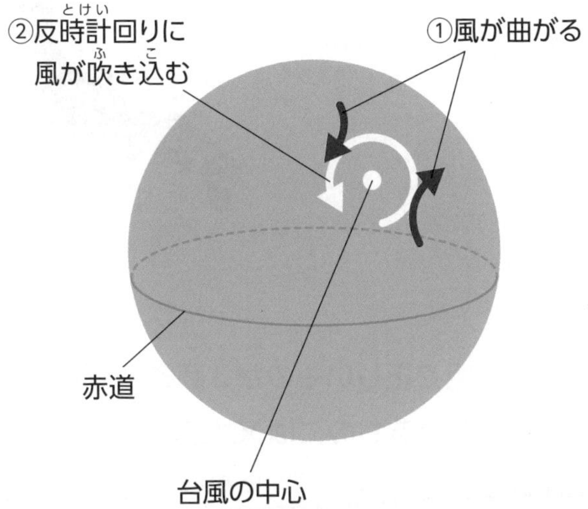

台風の中心に向かってボールを投げるイメージで考えると,風が反時計《とけい》回りに吹《ふ》き込《こ》むことがわかります。

確《かく》認《にん》問題

解答《かいとう》 68ページ

1. 台風の発生

1 次の空らんに入る言葉を選択肢《せんたくし》から選んで答えましょう。

日本付近には，台風は【　①夏・冬　】の終わりにきます。

多くの台風は，日本より【　②東・西・南・北　】で発生して，一度【　③西・南　】へ動き，その後北や東へ動きます。

〔①　　　　②　　　　③　　　　〕

2 次のア～エの説明で正しいものが3個《こ》あります。正しいものに○，まちがっているものには×と答えましょう。

ア　台風が近づいてくると，雨や風は強くなっていく。

イ　台風が近づくと風力発電を止めることが多いが，台風の強風によるエネルギーを風力発電にいかそうとする動きもある。

ウ　日本海側で雪が多く降《ふ》るのは，冬は北西からの冷たく乾《かわ》いた風が，日本海で水分（水蒸気《すいじょうき》）を多く含《ふく》むからである。

エ　台風が通過《つうか》するときは，常《つね》に強い東風が吹《ふ》いてくる。

〔ア　　　　イ　　　　ウ　　　　エ　　　　〕

冬型《ふゆがた》の気圧《きあつ》配置（西高東低）

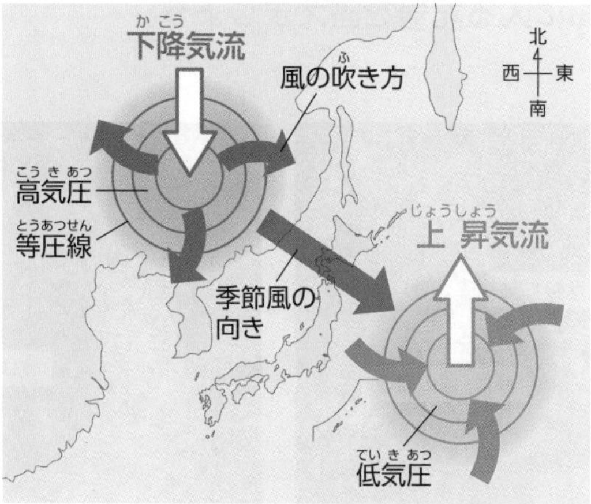

2. 風の強さ

1 天気予報《よほう》における風の強さについて，以下の用語を，風が弱い方から順に並《なら》べましょう。

やや強い風・もうれつな風・強い風・非常《ひじょう》に強い風

〔　　　　　　　　　　〕
→〔　　　　　　　　　　〕
→〔　　　　　　　　　　〕
→〔　　　　　　　　　　〕

2 次の空らんに入る言葉を答えましょう。

1のうち，風速が秒速15～20mのものは【　①　】です。なお，秒速15mでものが動き続けると，1分間には【　②　】m動きます。

〔①　　　　　　　　②　　　　　　　　〕

3. 台風の進路と風の向き

1 次の空らんに入る記号を答えましょう。

ア

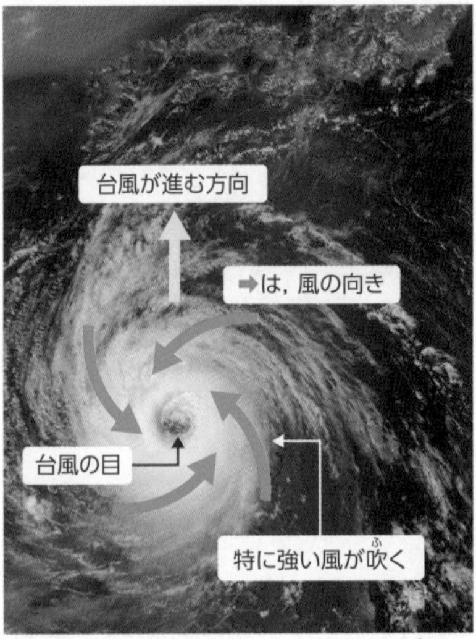

イ

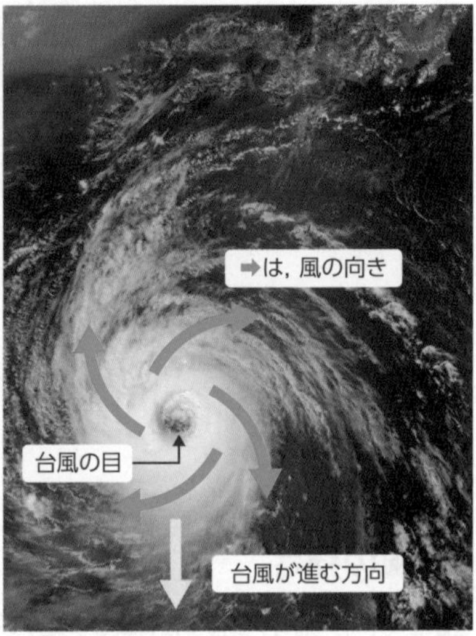

上の図のア，イのうち，台風の進路・風の吹《ふ》く向きについて適切《てきせつ》なものは【　　　】です。

〔　　　　　〕

2 次の空らんに入る言葉を答えましょう。

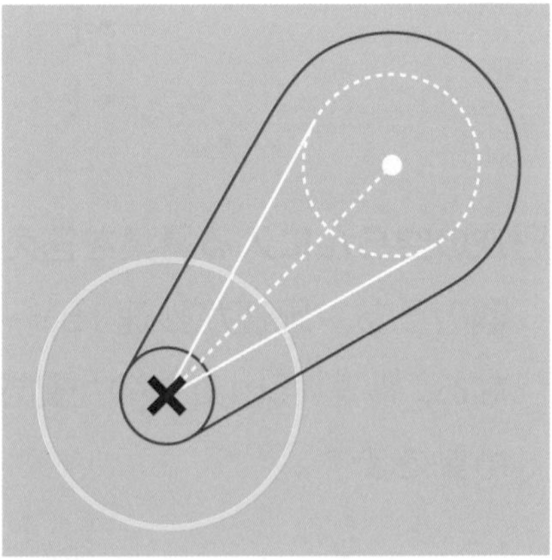

右の図において，✕は現在《げんざい》の台風の中心の位置を表します。小さな赤い円は【　①　】域《いき》とよばれます。また，黄色の円は【　②　】域《いき》と

よばれます。

【 ① 】域《いき》からのびている赤の枠《わく》は暴風警戒域《ぼうふうけいかいいき》とよばれ，今後【 ① 】域《いき》になると予想されるところを表します。点線の円は【 ③ 】とよばれ，今後台風の中心が進むと予想されるところを表します。

〔① ② ③ 〕

4．台風による災害《さいがい》

1 次の空らんに入る言葉を答えましょう。

大雨や津波《つなみ》などが予想される場合には，【 ① 】庁《ちょう》から【 ② 】報《ほう》や【 ③ 】報《ほう》が発表されます。【 ③ 】報《ほう》は特に警戒《けいかい》しなければならない場合に出されます。さらに，数十年に一度の大雨が予想される場合には大雨【 ④ 】【 ③ 】報《ほう》が発表されます。

〔① ② 〕
〔③ ④ 〕

2 台風の影響《えいきょう》について説明した次の文の空らんに入る言葉を答えましょう。

台風の大雨によって洪水《こうずい》やがけ崩《くず》れが起きたり，台風の強い【 ① 】によって収穫《しゅうかく》前の果物《くだもの》が落ちたり，家が壊《こわ》されたりする被害《ひがい》が出ることもあります。

その一方，台風の大雨によって【 ② 】が解消《かいしょう》される場合もあります。

〔① ② 〕

解《かい》答《とう》　問題64ページ

1. 台風の発生

1 ①夏　②南　③西

2 ア○　イ○　ウ○　エ×

解説《かいせつ》 2 現在《げんざい》では台風が近づくと，安全のため風力発電を止めることが多いですが，強風のエネルギーを発電にいかすことができれば電力不足は解決《かいけつ》する，と考える人もいます。

2. 風の強さ

1 やや強い風 → 強い風 → 非常《ひじょう》に強い風 → もうれつな風

2 ①強い風　②900

解説《かいせつ》 2 ②秒速15mとは「1秒間で15m進む」ということですから，1分（60秒）では15×60＝900m進みます。

3. 台風の進路と風の向き

1 ア

解説《かいせつ》 日本周辺の台風は南で発生し，全体としては北の方に進みます。台風の中心では反時計《とけい》回り（左回り）に風が吹《ふ》き込《こ》み，台風の東側では風や雨が強くなります。

2 ①暴風《ぼうふう》　②強風　③予報《よほう》円

4. 台風による災害《さいがい》

1 ①気象《きしょう》　②注意　③警《けい》　④特別

2 ①風　②水不足

気がついたことを書きとめよう

第6章 流れる水とそのはたらき

1 川の上流と下流

川は上流の方，すなわち，土地のかたむきが大きい山の中では，水の流れが速くなっています。下流，すなわち海に近い平地では，流れはゆるやかになります。

また，上流では川幅《かわはば》が狭《せま》く，川原《かわら》（河原《かわら》）には角ばった大きい石が多く見られます。一方，下流では川幅《かわはば》が広く，川原《かわら》には丸みのある小さい石が多く見られます。

上流・中流・下流の様子

上流

中流

下流

2 流れる水のはたらき

川を流れる水によってどのように土地の様子は変わるでしょうか。

流れる水には
・地面を削《けず》る「しん食」というはたらき
・土や石を運ぶ「運搬《うんぱん》」というはたらき
・流されてきた土や石を積もらせる「堆積《たいせき》」というはたらき
があります。

雨が降《ふ》り続いた後の川のように，流れる水の量が多いときには，しん食したり運搬《うんぱん》したりするはたらきは大きくなります。

まっすぐ流れる川では，中央の川の流れが速いので，中央の川底がいちばんしん食され，水深が深くなります。

曲がっている川では，川の外側の部分の流れが速くなるので，外側をブロックなどで補強《ほきょう》することがあります。

まっすぐな部分

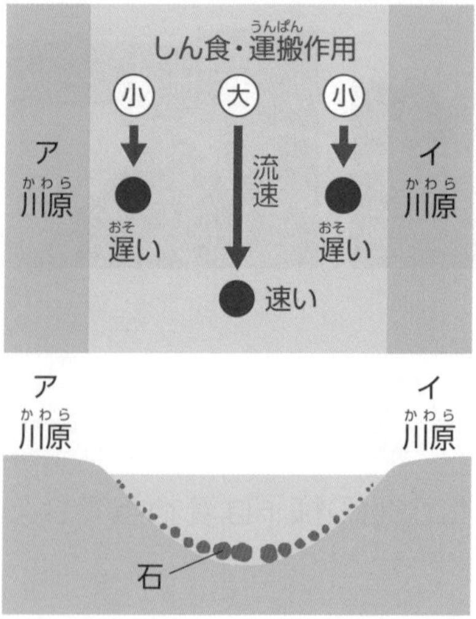

曲がっている部分

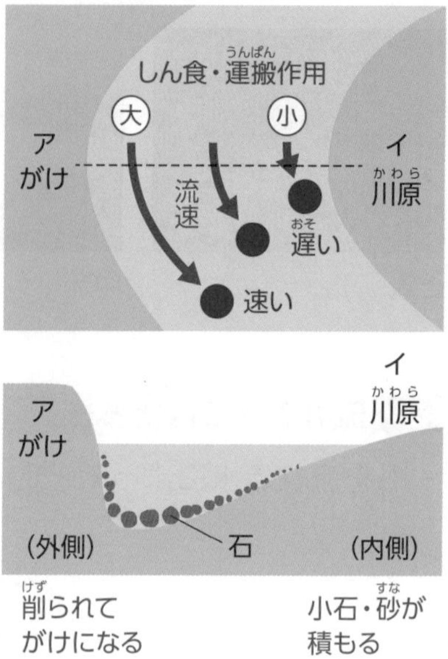

川の水が土地をしん食して，アルファベットのV《ブイ》に似《に》た深い谷となった「V字谷《ブイじこく》」。しん食のはたらきが大きい上流で見られる。

川の水が運搬《うんぱん》してきた土や石が扇形《おうぎがた》のように堆積《たいせき》してできた「扇状地《せんじょうち》」。川が山地から平野に出てきたところで見られる。

3 川の水による災害《さいがい》を防《ふせ》ぐ方法

ダム：

降《ふ》った水をたくわえることにより，大量の水が一気に流れるのを防《ふせ》いでいる。

ブロック：

川岸がしん食されるのを防《ふせ》いでいる。

砂《さ》防《ぼう》ダム：

しん食された土や石が一気に流れるのを防《ふせ》いでいる。

ハザードマップ：

災害《さいがい》が起こる可《か》能性《のうせい》の高い地《ち》域《いき》・注意すべき点が地図に書き込《こ》まれている。市町村によって多く作成されている。

ダム

ブロック

発《はっ》展《てん》事《じ》項《こう》 — 余《よ》裕《ゆう》のある人向け

1. 川の流れ

まっすぐ流れている川の中央部分では，川底近くは，川底によるまさつがあるので，流れが遅《おそ》くなります。水面近くの方が川底近くより流れは速いですが，水面は空気とのまさつがあるので，水面よりも水面の少し下の方がより流れは速くなります。

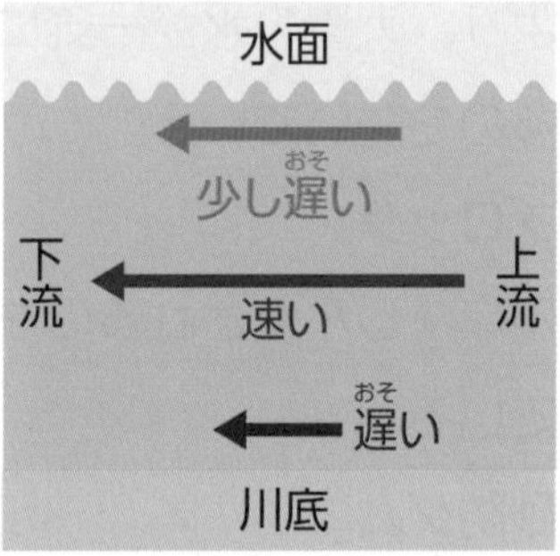

2. 扇状地《せんじょうち》

川が山地から平野に出ると，流れが急に遅《おそ》くなります。そのために，上流から運ばれてきた石が多く堆積《たいせき》します。積もる石は粒《つぶ》が大きいものが多く，水を通しやすい（水をためにくい）ことから，扇状地《せんじょうち》付近の川は，水量が少ないということがよくあります。大雨のとき以外には水がない，という水無川《みずなしがわ》もめずらしくはありません。

3. 三日月湖

平野を流れる川で，曲がっている場合，外側の流れが速くしん食されていきます。曲がりは段々《だんだん》大きくなりますが，この曲がった流れを蛇行《だこう》といいます。

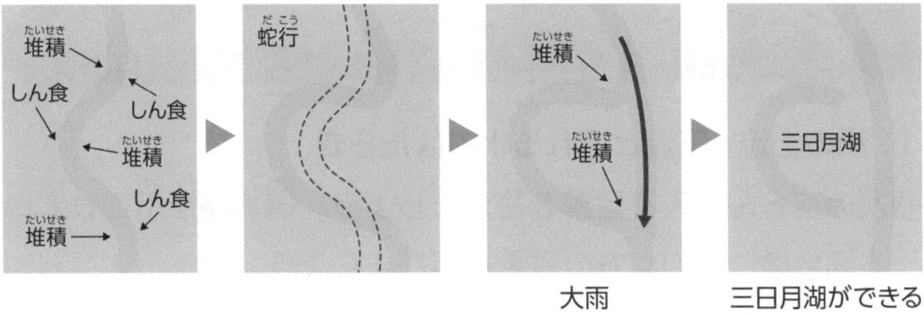

さらに，大雨などで流れる水の量が増加《ぞうか》すると，しん食のはたらきによって上の図の左から３つ目のように，まっすぐな流れが新たにできます。その後，曲がっていた古い流れが孤立《こりつ》し，三日月湖ができます。

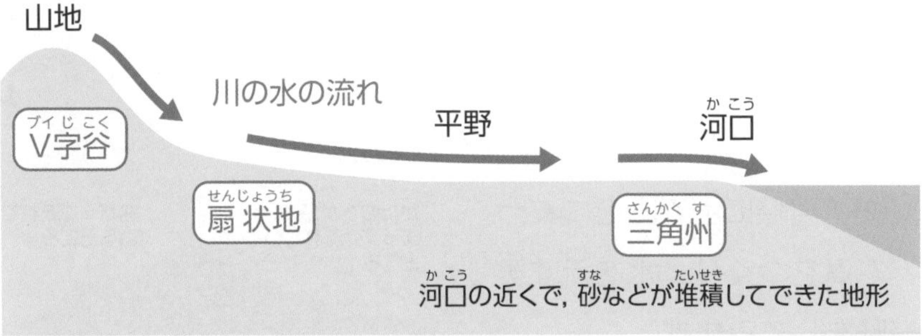

上流→中流→下流にいくにしたがって，川の流れはゆるやかになるので，しん食作用や運搬《うんぱん》作用は小さくなっていきます。また，上流では大きく角ばった岩が多いですが，川の流れの中でぶつかり合って角が取れていくので，下流では小さく，丸みを帯びた石が多くなってきます。下流では，さらに粒《つぶ》の小さい泥《どろ》も見られ，海には泥《どろ》が堆積《たいせき》します。

確《かく》認《にん》問題

解答《かいとう》 82ページ

1. 川の上流・下流と流れる水のはたらき

1 次の空らんに入る言葉を答えましょう。選択肢《せんたくし》が示《しめ》されている場合は，適切《てきせつ》な方の言葉を選びましょう。

⑴　川は【　①上・下　】流から【　②上・下　】流に流れます。川は【　③上・下　】流の方，すなわち，土地のかたむきが大きい山の中では，水の流れが【　④速く・ゆるやかに　】なっています。【　⑤上・下　】流，すなわち海に近い平地では，流れは【　⑥速く・ゆるやかに　】なります。

〔①　　　　　　②　　　　　　〕
〔③　　　　　　④　　　　　　〕
〔⑤　　　　　　⑥　　　　　　〕

⑵　実際《じっさい》に土で山をつくって溝《みぞ》をつくり，水を流す実験をしてみます。

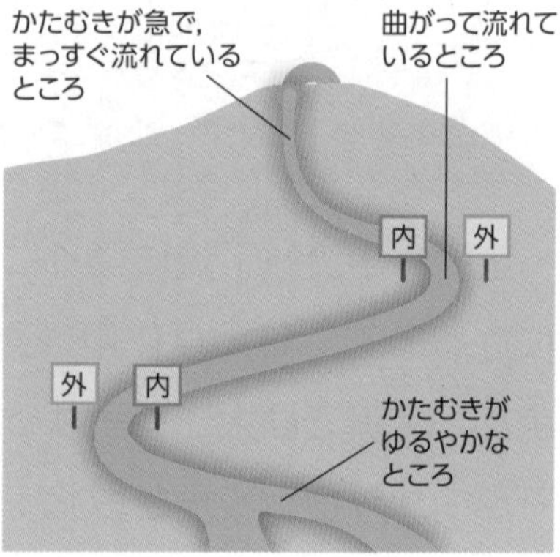

かたむきが急で，しかもまっすぐ流れているところでは，流れが【　⑦速く・ゆるやかであり　】，底が【　⑧深く・浅く　】削《けず》られます。

また，曲がって流れているところでは，流れが速い【　⑨内側・外側　】で土が【　⑩積もり・削《けず》られ　】，流れが遅《おそ》い

【 ⑪内側・外側 】で土が【 ⑫積もる・削《けず》られる 】ことになります。そのため，曲がって流れているところで，川の水があふれ出さないようにブロックや堤防《ていぼう》で補強《ほきょう》するのは川の【 ⑬内側・外側 】が主となります。

〔⑦　　　　⑧　　　　〕
〔⑨　　　　⑩　　　　〕
〔⑪　　　　⑫　　　　〕
〔⑬　　　　〕

⑶　流れる水には

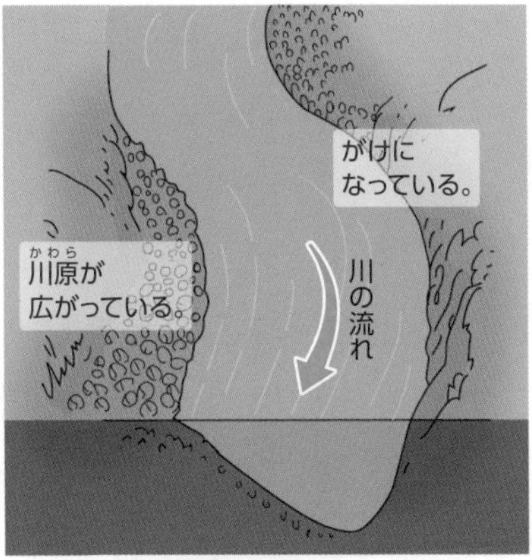

地面を削《けず》る【 ⑭ 】というはたらき

土や石を運ぶ【 ⑮ 】というはたらき

流されてきた土や石を積もらせる【 ⑯ 】というはたらき

があります。

流れる水の量が多いときには，この3つのはたらきのうち，【 ⑰ 】や【 ⑱ 】が大きくなります。

〔⑭　　　　⑮　　　　〕
〔⑯　　　　⑰　　　　〕
〔⑱　　　　〕

2 下の図のように，土で山をつくって，矢印のところからホースで水を流し，流れる水のはたらきを調べました。次の問いに答えましょう。

(1)　ア〜ウで，水の流れが最も遅《おそ》いところはどこですか。記号で答えましょう。

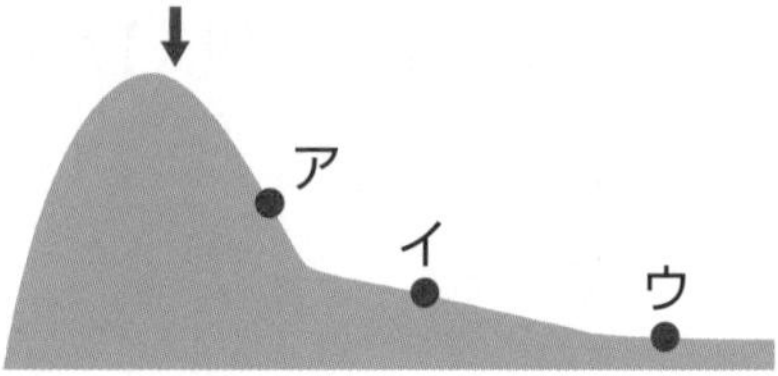

〔　　　　〕

(2)　ア〜ウで，最も土が削《けず》れるところはどこですか。記号で答えましょう。

〔　　　　〕

(3)　山の形はこのままで，流れる水が土を削《けず》るはたらきを大きくするには，どうすればよいですか。

〔　　　　　　　　　　　　〕

3 川の上流と下流の様子を表した下の表の①〜④に当てはまる言葉を答えましょう。

	流れの速さ	石の大きさ	石の形	主なはたらき
上流	速い	①	②	地面を削《けず》る
下流	遅《おそ》い	③	丸い	④

〔①　　　　　　　②　　　　　　　〕
〔③　　　　　　　④　　　　　　　〕

4 右の図のように流れている川について，次の問いに答えましょう。

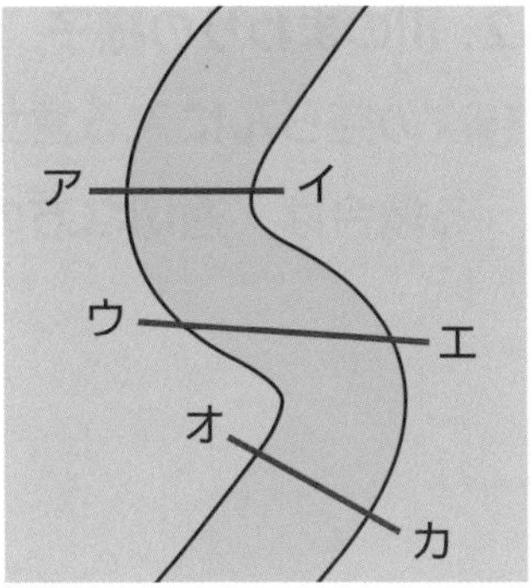

(1)　広い川原《かわら》ができているところはどこですか。図の中のア～カから2つ選び記号で答えましょう。

〔　　　　，　　　　〕

(2)　広い川原《かわら》ができている方の岸近くを流れる水の速さは，反対側の岸を流れる水の速さに比《くら》べて，どのようになっているでしょうか。

〔　　　　　　　　　　　　〕

(3)　アーイの川の断面《だんめん》は，どのようになっていますか。㋐～㋒から1つ選び記号で答えましょう。

㋐

㋑

㋒

〔　　　〕

2. 川のまわりの様子

1 次の空らんに入る言葉を答えましょう。選択肢《せんたくし》が示《しめ》されている場合は，適切《てきせつ》な方の言葉を選びましょう。

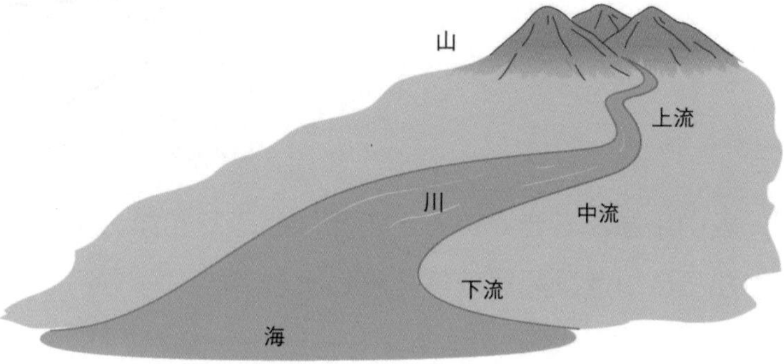

山から海へ流れる川の上流 (山)，中流 (平地)，下流 (海の近く) を比《くら》べます。

上流では川幅《かわはば》が【　①広く・狭《せま》く　】，川原《かわら》には【　②角ばった・丸みのある　】【　③大きい・小さい　】石が多く見られます。一方，下流では川幅《かわはば》が【　④広く・狭《せま》く　】，川原《かわら》には【　⑤角ばった・丸みのある　】【　⑥大きい・小さい　】石が多く見られます。

〔①　　　　　　　　②　　　　　　　　〕
〔③　　　　　　　　④　　　　　　　　〕
〔⑤　　　　　　　　⑥　　　　　　　　〕

2 下のア～ウの図のうち，上流を表したものはどれですか。記号で答えましょう。

ア

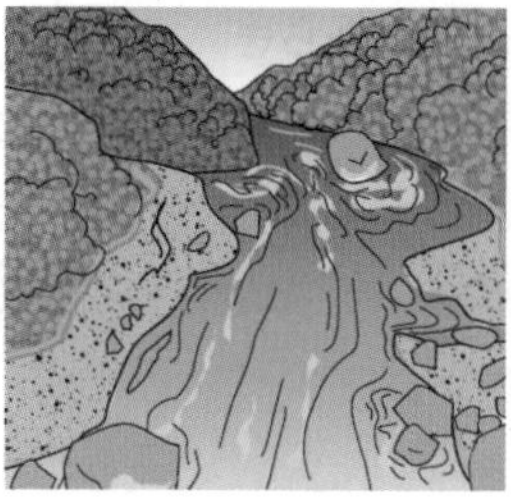

イ

ウ

〔　　　〕

3 上流, 中流, 下流のうち, 水の流れが最も速いのはどこですか。

〔　　　〕

解《かい》答《とう》

問題 76ページ

1. 川の上流・下流と流れる水のはたらき

1(1)①上　②下　③上　④速く　⑤下　⑥ゆるやかに

(2)⑦速く　⑧深く　⑨外側　⑩削《けず》られ　⑪内側　⑫積もる　⑬外側

(3)⑭しん食　⑮運搬《うんぱん》　⑯堆積《たいせき》　⑰，⑱しん食，運搬《うんぱん》(順不同)

2(1)ウ　(2)ア　(3)水の量を増《ふ》やす

3①大きい　②角ばっている　③小さい　④土砂《どしゃ》を積もらせる

4(1)イ，オ　(2)遅《おそ》くなっている　(3)Ⓘ

解説《かいせつ》 **4**(1)イやオは，アやカに比《くら》べて水の流れは遅《おそ》く，砂《すな》などが積もりやすくなっています。そのため，広い川原《かわら》ができます。

2. 川のまわりの様子

1①狭《せま》く　②角ばった　③大きい　④広く　⑤丸みのある　⑥小さい

2イ

3上流

気がついたことを書きとめよう

第7章　ものの溶《と》け方と水溶液《すいようえき》

1　水溶液《すいようえき》

「砂糖《さとう》が水に溶《と》けた」といいますが，ものが水に溶《と》けるとはどのようなことでしょうか。

水の中でものが均一《きんいつ》に広がって透明《とうめい》な液《えき》になり，時間がたっても水と分かれない状態《じょうたい》になることを「ものが水に溶《と》ける」といいます。なお，ここでは，色がついていても透《す》き通っていれば「透明《とうめい》」とみなしてかまいません。

でんぷんを水に入れてかき混《ま》ぜると，時間がたってもにごっています。でんぷんは水に溶《と》けていないということです。

水に溶《と》けている

水に溶《と》けていない

水80gに食塩10gを溶《と》かすと，食塩は見えなくなりますが，食塩水の重さは90gとなります。ものは，水に溶《と》けて見えなくなっても水溶液《すいようえき》の中にあることがわかります。

参考

水の中でものが均一《きんいつ》に広がる，とは右図のようにどの部分も濃《こ》さが同じになるということです。

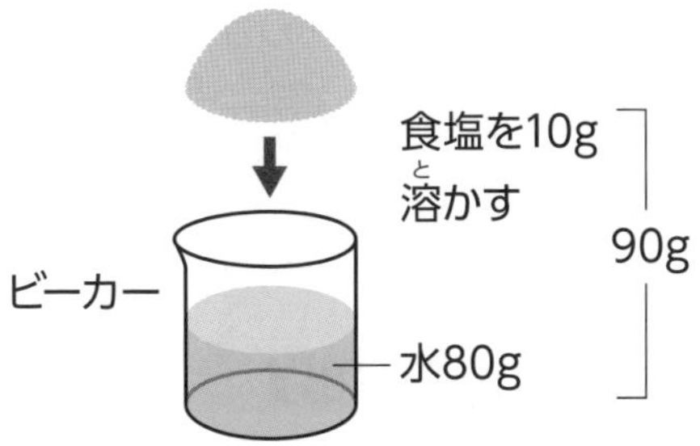

見た目はもとの水と変わらないが，90gになっている

2 ものが溶《と》ける量

ものが水に溶《と》けると見えなくなりますが，溶《と》ける量には限《かぎ》りがあるのでしょうか。

ものは水に限《かぎ》りなく溶《と》けるわけではありません。ものが水に溶《と》ける量には限《かぎ》りがあります。

その量はものによって異《こと》なります。たとえば，食塩と砂糖《さとう》では溶《と》ける量が異《こと》なります。

水の温度によっても，ものが溶《と》ける量は変わってきます。

砂糖《さとう》やミョウバンは水の温度が上がるほどたくさん溶《と》けます。食塩も水の温度が上がると少しだけ溶《と》けやすくなりますが，あまり変化はありません。身近なほとんどのものは，水の温度が高いほど溶《と》ける量が多くなります。

参考

ミョウバンは漬《つ》け物の色を変えるのに使われます。

水の量を2倍にすると，ものが溶《と》ける量も2倍になります。たとえば，水100gに食塩38gが溶《と》けるとすると，水200gには食塩76gが溶《と》けます。

3 溶《と》けているものを取り出す

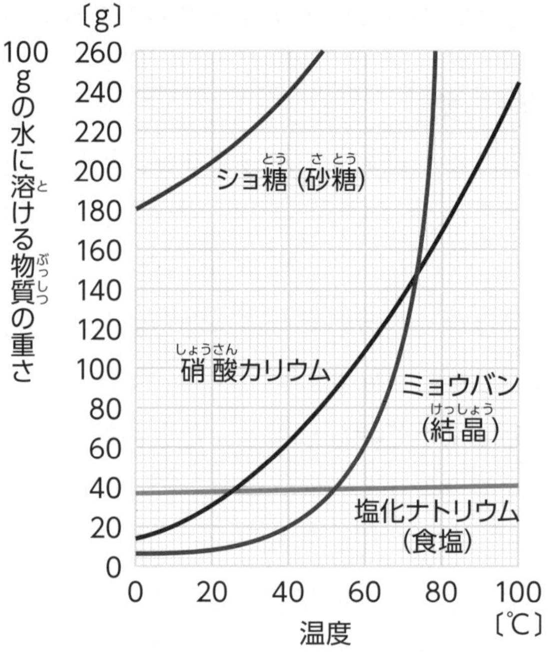

上の図を見ると，水100gには，ミョウバンは60℃では60g溶《と》けますが，40℃では20gしか溶《と》けません。

よって，水100gにミョウバン60gが完全に溶《と》けているとき，水の温度を40℃まで下げれば，ミョウバンを60－20＝40g取り出すことができます。

一方，食塩は水の温度が上がっても溶《と》ける量がほとんど変わらないので，水の温度を下げてもほとんど取り出せません。

水に溶《と》け切れなかった食塩を取り出すことはできるのでしょうか。

水100gに食塩38gが溶《と》けるとしたとき，水100gに食塩50gを入れたとします。

50－38＝12gは溶《と》け切れないで残りますが，ろ紙でこすことにより，取り出すことができます。ろ紙でこすことを「ろ過《か》」といいます。

ろ過《か》のしかた

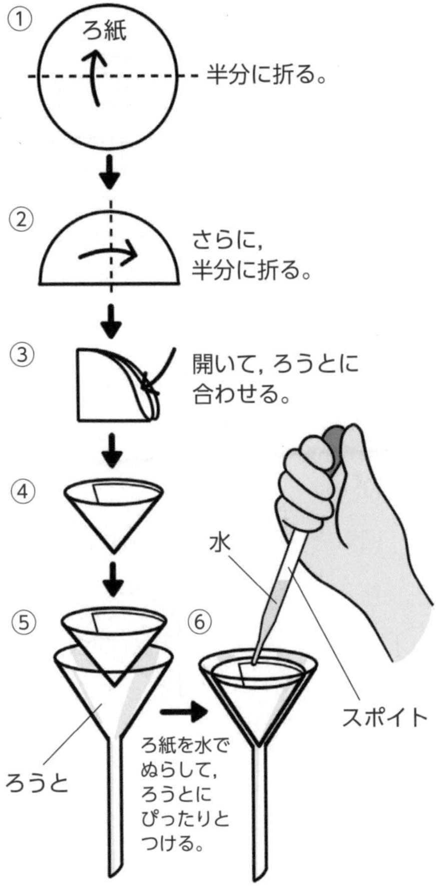

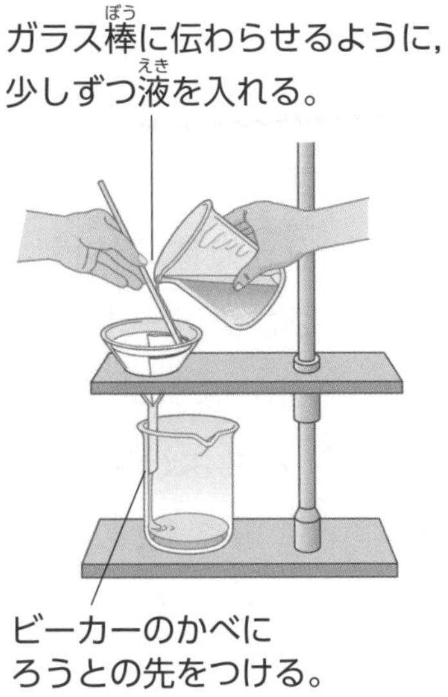

4 量の測《はか》り方

水や水溶液《すいようえき》の量には重さや体積がありますが，体積を測《はか》るのにはメスシリンダーが使われます。

メスシリンダーは必ず水平なところに置きます。7mLを測《はか》りたいなど目標の体積がある場合は，最初にやや少なめに液《えき》を入れ，その後真横から見て，スポイトを用いて液《えき》を入れていきます。

メスシリンダーは，使わないときにはバットなどに入れて，横にしておきます。

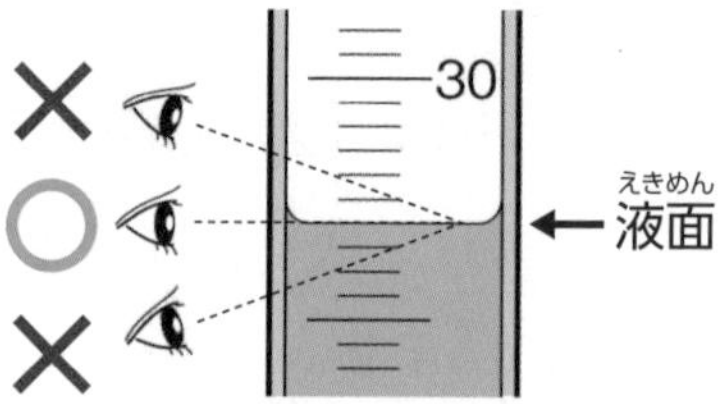

液面《えきめん》のへこんだ下の面を，真横から見て読む。

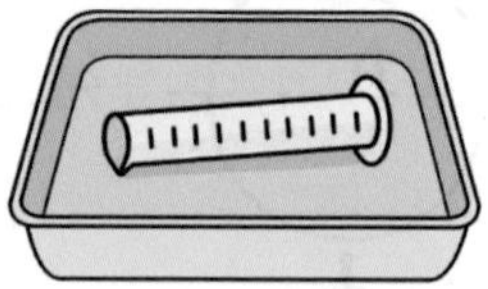

メスシリンダーは，使わないときは横にして，バットなどに入れておく。

5 体積

ものの大きさを表す量として体積があります。1辺の長さが1cmの立方体の体積は1cm^3（1立方センチメートル）です。また，1cm^3は1mL（1ミリリットル）ともよびます。水の場合，1cm^3で重さ1gとなります。また，1辺の長さが10cmの立方体の体積は10×10×10＝1000cm^3ですが，これを1L(リットル)ともよびます。

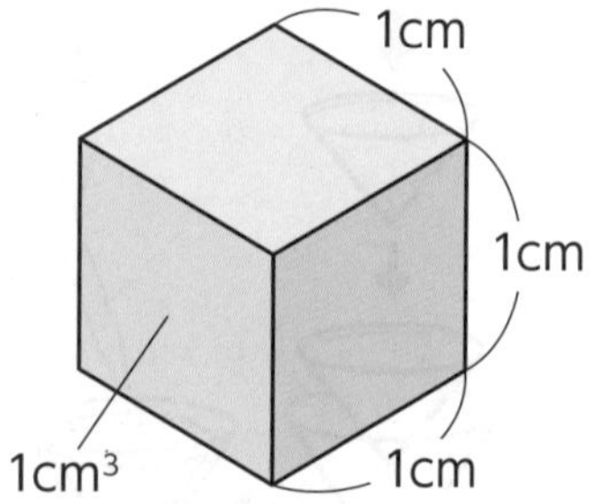

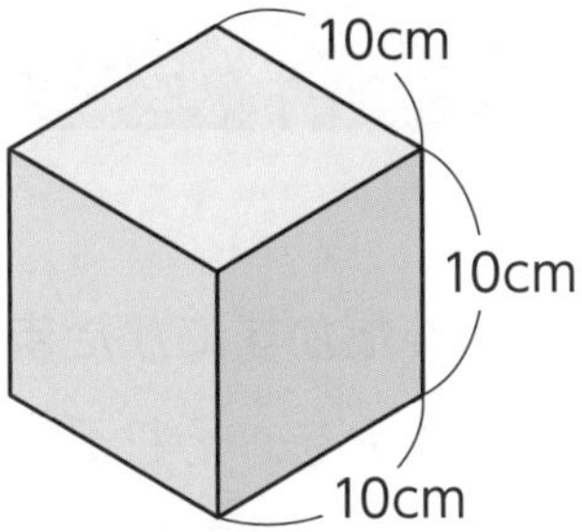

$1L=1000cm^3$

まとめると

$1mL=1cm^3$

$1L\quad=1000cm^3$

となります。

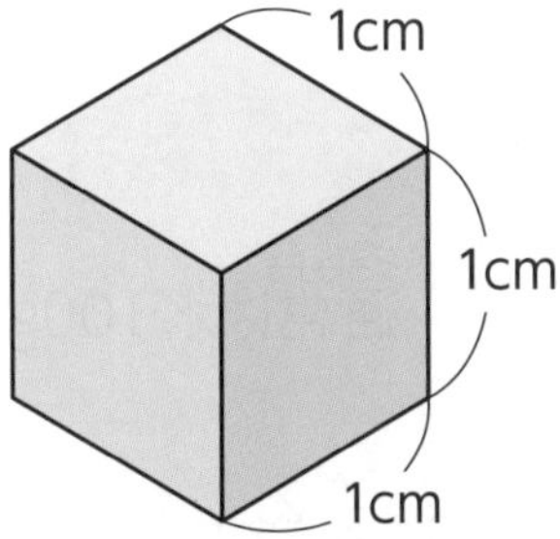

水だと重さ1g

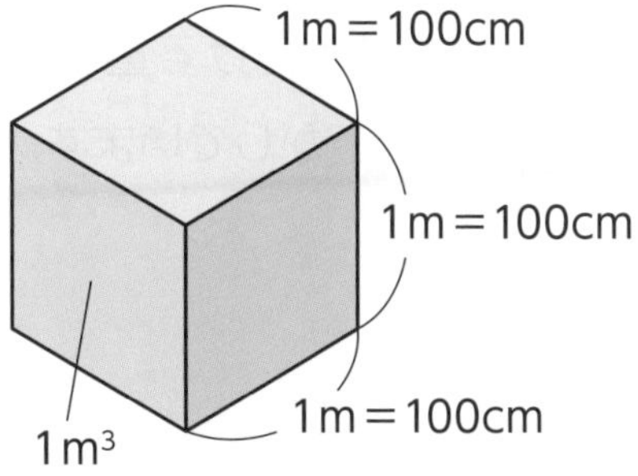

なお，1辺の長さが1mの立方体の体積は$1m^3$（1立方メートル）です。

また，1m＝100cmですから，

$1m^3$

$=(100\times100\times100)cm^3$

$=1000000cm^3$

となります。

発《はっ》展《てん》事《じ》項《こう》 — 余《よ》裕《ゆう》のある人向け

ものの溶《と》ける速さ

同じ重さで，食塩の粒《つぶ》の大きさが大きい（くだかずにかたまりになったままの）ものと小さい（くだいた）ものを，それぞれ同じ量の水に溶《と》かすと，粒《つぶ》の小さいものの方が速く溶《と》けます。これは粒《つぶ》が小さいほど水と触《ふ》れる表面積が同じ重さ当たりで大きくなるからです。

溶解《ようかい》度

水に溶《と》かす量の限界《げんかい》の量は溶解《ようかい》度とよばれ，通常《つうじょう》は水100gに溶《と》かすことができる最大の重さで表します。

限度《げんど》量いっぱいまで溶《と》けた水溶液《すいようえき》を飽和《ほうわ》水溶液《すいようえき》といいます。水酸化《すいさんか》カルシウムは水の温度が高いほど，溶《と》ける量は減《へ》ります。水酸化《すいさんか》ナトリウムは水に溶《と》けるとき熱を出します。

気体は水の温度を低く，圧力《あつりょく》を高くするほど溶《と》ける量が増《ふ》えます。炭酸《たんさん》飲料は高い圧力《あつりょく》で二酸化炭素《にさんかたんそ》を溶《と》かしています。

上皿てんびん

たとえば，木片《もくへん》の重さを測《はか》りたいときには，右利《みぎき》きであれば左の皿に木片《もくへん》をのせます。

その後，右の皿に分銅《ふんどう》をのせていきます。

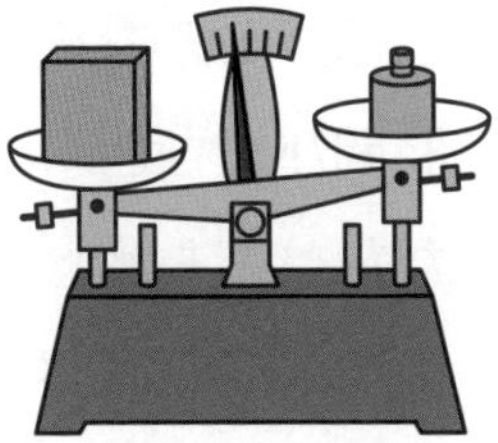

右の図のように，100gの分銅《ふんどう》2つで上皿てんびんが水平になったら，木片《もくへん》の重さは200gとなります。

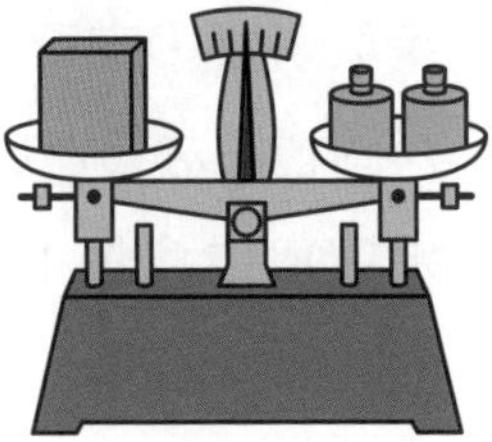

分銅《ふんどう》はピンセットで持ちます。

右利《みぎき》きの場合，分銅《ふんどう》を加えたり除《のぞ》いたりするのに右手の方が便利ですから，右の皿に分銅《ふんどう》を置きます。

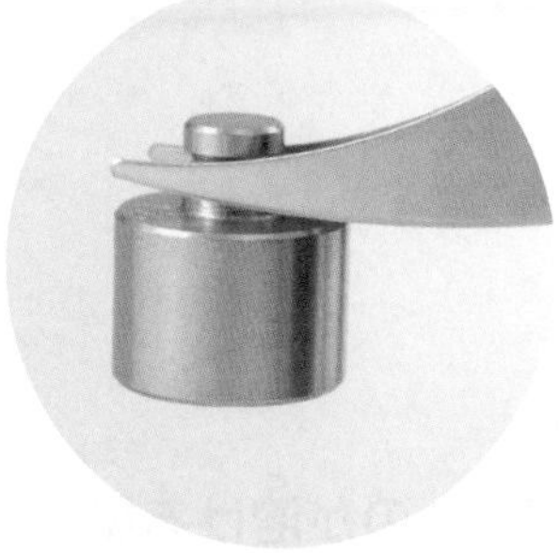

確《かく》認《にん》問題

解答《かいとう》 97ページ

1. 水溶液《すいようえき》

次の空らんに入る言葉を答えましょう。選択肢《せんたくし》が示《しめ》されている場合は，適切《てきせつ》な方の言葉を選びましょう。

ものが水に溶《と》けた液《えき》を【　①　】といいます。ここで「溶《と》けた」とは，水の中でものが均一《きんいつ》に広がって透明《とうめい》な液《えき》になり，【　②　時間がたつと水と分かれるが，しばらくは分かれない・時間がたっても水と分かれない　】状態《じょうたい》になることをいいます。なお，ここでは，色がついていても透《す》き通っていれば「透《とう》明《めい》」とみなしてかまいません。

また,「水の中でものが均一《きんいつ》に広がる」とは，どの部分も濃《こ》さが同じになるということです。

水90gに食塩10gを溶《と》かすと，食塩水の重さは【　③　】gとなります。また，水120gに食塩を溶《と》かした食塩水が140gだったとき，溶《と》かした食塩の重さは【　④　】gです。

〔①　　　　　　　　　　〕
〔②　　　　　　　　　　〕
〔③　　　　　　　　　　〕
〔④　　　　　　　　　　〕

2. ものが溶《と》ける量

1 次の空らんに入る言葉を答えましょう。選択肢《せんたくし》が示《しめ》されている場合は，適切《てきせつ》な方の言葉を選びましょう。

同じ水の量に対して，食塩と砂糖《さとう》では水に溶《と》ける量は【　①

同じです・異《こと》なります 】。

また，砂糖《さとう》やミョウバンなど，身近なほとんどのものは，水の温度が高いほど溶《と》ける量が【 ② 多く・少なく 】なります。なお，食塩も水の温度が上がると少しだけ溶《と》けやすくなりますが，あまり変化はありません。

また，水の量とものが溶《と》ける量は【 ③ 】する関係にあり，水の量を3倍にするとものが溶《と》ける量は【 ④ 】倍になります。たとえば，水100gに食塩38 gが溶《と》けるとすると，水300gには食塩【 ⑤ 】gが溶《と》け，水50gには食塩【 ⑥ 】gが溶《と》けます。

〔① ② 〕

〔③ ④ 〕

〔⑤ ⑥ 〕

2 次の文章を読んで，空らんに適切《てきせつ》な言葉を入れましょう。

食塩の入った皿とミョウバンの入った皿の2つがあります。見た目にちがいがわからなかった場合，どのようにしたら見分けられるでしょうか。

ミョウバンを溶《と》かすとき，温度が【 ① 】ほど溶《と》ける量が多くなります。一方で食塩はほとんど変わりません。

よって，水の温度を変えながら食塩とミョウバンをそれぞれ溶《と》かし，温度によって溶《と》かすことのできた量に変化があった方が【 ② 】とわかります。

〔① ② 〕

3 100gの水に食塩を60g加えたところ，溶《と》け残りが22gできました。このとき食塩水の重さを求める考え方として正しいものを次から選んで記号で答えましょう。

ア　水＋加えた食塩　の重さ

イ　水＋溶《と》けた食塩　の重さ

ウ　水＋溶《と》け残った食塩　の重さ　〔　　　　〕

4 **3**の食塩水の重さを答えましょう。

〔　　　　〕

3. 溶《と》けているものを取り出す

図を見て次の空らんに入る言葉を答えましょう。

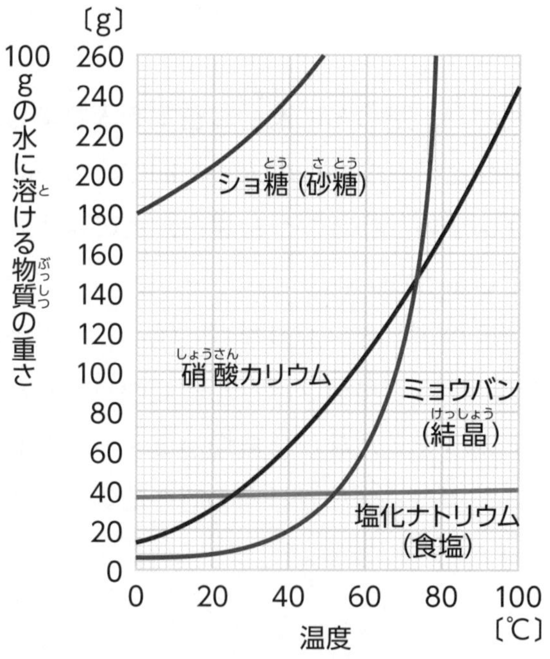

水100gには，ミョウバンは60℃では60g溶《と》けますが，40℃では20gしか溶《と》けません。よって，60℃の水100gにミョウバン60gが完全に溶《と》けているとき，水の温度を40℃まで下げれば，ミョウバンを【　①　】g取り出すことができます。

また，常温の水100gには食塩が約38g溶《と》けますが，このとき，水100gに食塩60gを入れたとします。このとき，約【　②　】gは溶《と》け切れないで残りますが，【　③　】でこすことにより約【　②　】gの食塩を取り出すことができます。【　③　】でこすことを【　④　】といいます。

〔①　　　　　　②　　　　　　〕
〔③　　　　　　④　　　　　　〕

4.量の測《はか》り方

次の空らんに入る言葉を答えましょう。選択肢《せんたくし》が示《しめ》されている場合は，適切《てきせつ》なものを選びましょう。

液体《えきたい》の体積を測《はか》るには左の図のような【　①　】を使います。

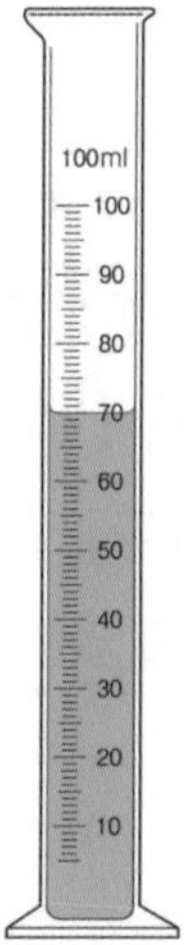

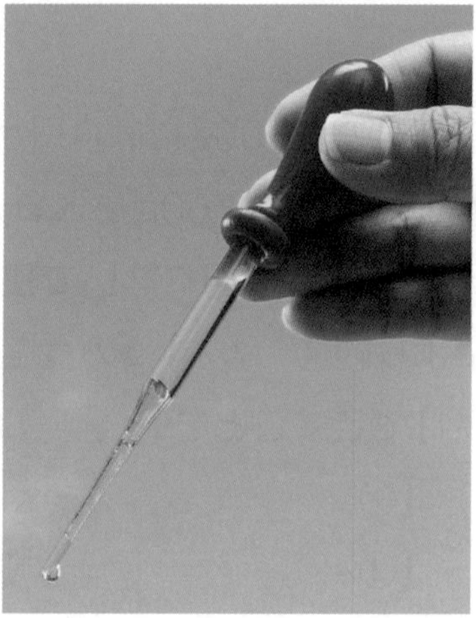

右上の図のような【　②　】で液体《えきたい》を【　①　】に入れていきます。

【　①　】は【　③利《き》き手の方が高くなるよう・水平　】なところに置き，右の図の【　④ア・イ・ウ　】の位置から液面《えきめん》を見て，【　②　】により体積を調節します。

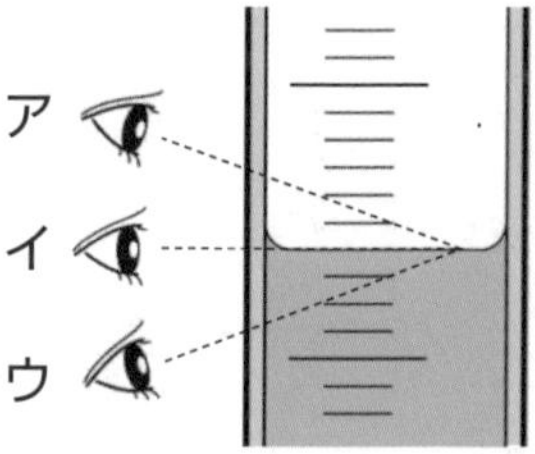

〔①　　　　　　　　　　　　②　　　　　　　　　　　　〕

〔③　　　　　　　　　　　　④　　　　　　　　　　　　〕

解《かい》答《とう》

問題 92ページ

1. 水溶液《すいようえき》

①水溶液《すいようえき》　②時間がたっても水と分かれない　③100　④20

解《かい》説《せつ》 ③$90+10=100$（ものは，水に溶《と》けて見えなくなっても水溶液《すいようえき》の中にあります。）　④$140-120=20$

2. ものが溶《と》ける量

1 ①異《こと》なります　②多く　③比例《ひれい》(正比例《せいひれい》)　④3　⑤114　⑥19

解《かい》説《せつ》 ⑤$38\times3=114$　⑥水の量が100gの半分になったので，食塩が溶《と》ける量も水100gのときの半分になります。

2 ①高い　②ミョウバン

3 イ

4 138g

3. 溶《と》けているものを取り出す

①40　②22　③ろ紙　④ろ過《か》

解《かい》説《せつ》 ①$60-20=40$　②$60-38=22$

4. 量の測《はか》り方

①メスシリンダー　②スポイト　③水平　④イ

第8章 生命の誕生《たんじょう》

1 ヒトの誕生《たんじょう》

女性《じょせい》の体内でつくられた卵《らん》と，男性《だんせい》の体内でつくられた精子《せいし》が結びつきます。このことを受精《じゅせい》とよび，受精《じゅせい》した卵《らん》を受精卵《じゅせいらん》とよびます。受精卵《じゅせいらん》は，女性《じょせい》の体内にある子宮で育ちます。受《じゅ》精卵《せいらん》からヒトだと区別できるまでに育った，母親のたい内の子どものことを，たい児といいます。

ヒトは直径が約0.14mmという，小さな受精卵《じゅせいらん》から育っていきます。

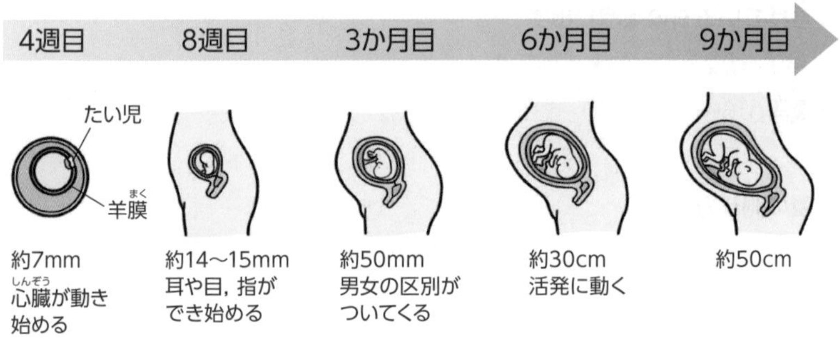

参考

卵（ヒトの場合「らん」，メダカの場合「たまご」）の直径は

ヒトは約0.14mm，メダカは約1 ～ 1.5mm

です。

4週目前後に心臓《しんぞう》が動き始めます（7mm前後）。

8週目前後に耳や目，指などができ始めます（15mm前後）。

3か月目前後で男女の区別がつくようになります（50mm前後）。

6か月目前後から子どもが活発に動くようになります（30cm前後）。

多くの場合，受精《じゅせい》して38週前後で誕生《たんじょう》し，そのときの身長は50cm前後です。

産まれた子どもは産声《うぶごえ》をあげますが，この産声《うぶごえ》は，肺《はい》呼吸《こきゅう》による第一声です。子宮内では，肺《はい》呼吸《こきゅう》ではなく，へそのおを通して酸《さん》素《そ》を母親から受け取っています。

※7mm，15mm，50mm，30cmなどの大きさは，子どもによって異《こと》なります。

1週間は7日ですから，38週は7×38＝266日となります。260～280日前後で誕生《たんじょう》します。

誕生《たんじょう》した後も，多くの場合，半年以上は乳《ちち》だけを飲んで育ちます。

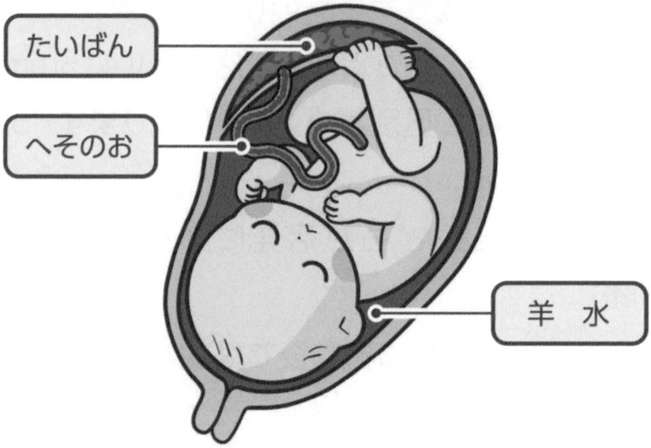

誕生《たんじょう》する前の母親のおなかにある子宮の様子。
子どもは手足を動かすこともできます。

へそのお

子どもとたいばんをつないでいる。子どもはへそのおを通して，母親から養分などを取り入れる。また，いらなくなったものをへそのおを通して返す。

たいばん

子宮のかべにある。母親からもらう養分と，子どもがいらなくなったものを交かんする。

羊水

子どもを囲《かこ》む液体《えきたい》。外部から子どもに加わる力を小さくしている。たい内では，子どもは羊水の中に浮《う》かんだような状態《じょうたい》になっている。

発《はっ》展《てん》事《じ》項《こう》 ― 余《よ》裕《ゆう》のある人向け

卵《らん》は左右の卵巣《らんそう》から交互《こうご》に排卵《はいらん》されます。

卵《らん》は輸卵管《ゆらんかん》で精子《せいし》と出会い受精《じゅせい》します。

子宮の内壁《ないへき》に受精卵《じゅせいらん》がつくことを着床《ちゃくしょう》といいます。受精《じゅせい》から着床《ちゃくしょう》までは7日前後です。

多くの場合，誕生《たんじょう》の際《さい》，頭から先に外に出てきます。

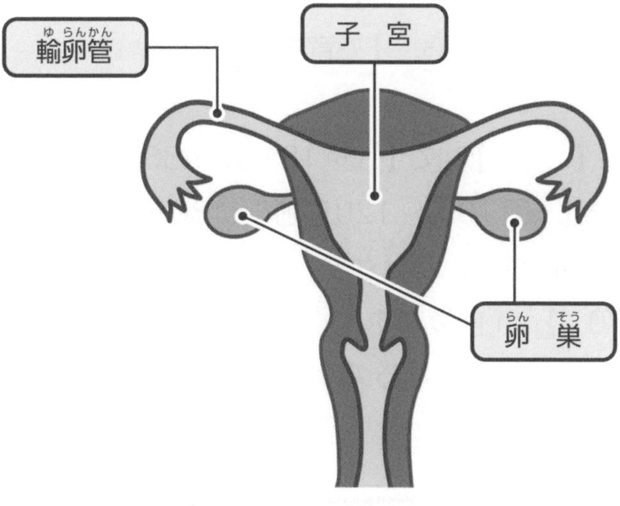

確《かく》認《にん》問題　解答《かいとう》 107ページ

1. ヒトの誕生《たんじょう》

1 次の空らんに入る言葉を答えましょう。選択肢《せんたくし》が示《しめ》されている場合は，適切《てきせつ》なものを選びましょう。

(1)　女性《じょせい》の体内でつくられた【　①　】と男性《だんせい》の体内でつくられた【　②　】が結びつきます。このことを【　③　】とよび，【　③　】した【　①　】を【　④　】とよびます。【　④　】は女性《じょせい》の体内にある【　⑤　】で育ちます。

多くの場合，【　③　】して【　⑥ 18・28・38・48　】週前後，すなわち【　⑦ 100 ～ 120日前後・180 ～ 200日前後・260 ～ 280日前後　】で誕生《たんじょう》し，そのときの身長は【　⑧ 30・50・70　】cm 前後です。
男女の区別がつくようになるのは【　⑨ 1・3・5　】か月目前後です。

〔①　　　　　　　②　　　　　　　〕
〔③　　　　　　　④　　　　　　　〕
〔⑤　　　　　　　⑥　　　　　　　〕
〔⑦　　　　　　　　　　　　　　　〕
〔⑧　　　　　　　⑨　　　　　　　〕

2 右の図は，人の卵《らん》（卵子《らんし》）と精子《せいし》の様子を表したものです。次の問いに答えましょう。

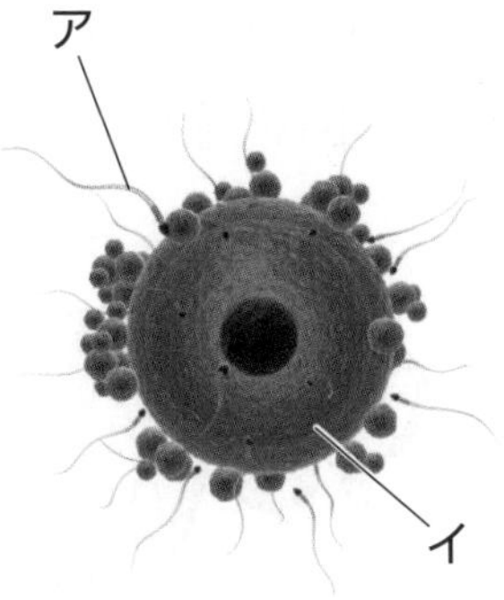

① 卵《らん》を表しているのは，ア，イのどちらですか。

〔　　　　〕

② 卵《らん》の直径はどのくらいの大きさですか。次の中から記号で答えましょう。

ア　約14mm　　**イ**　約0.14mm

ウ　約1.4mm　　**エ**　約140mm

〔　　　　〕

3 次のア～ウを成長する順に並《なら》べましょう。

ア　心臓《しんぞう》が動き始める

イ　子どもが大きくなり，子宮の中で回転ができなくなる

ウ　足や手の形がはっきりしてきて，耳や目もでき始める

〔　　　　→　　　　→　　　　〕

2. 母親のからだと子ども

1 下の図を見て，各記号が指すものを答えましょう。

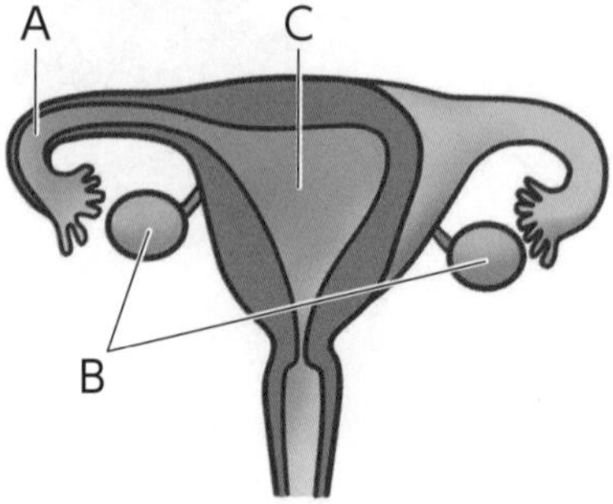

A〔　　　　　　　　〕
B〔　　　　　　　　〕
C〔　　　　　　　　〕

2 **1** のBのはたらきとして適当《てきとう》なものを，次から１つ選び記号で答えましょう。

イ　精子《せいし》をつくる
ロ　たい児に与《あた》える養分が通る
ハ　たい児を育てる
ニ　卵《らん》（卵子《らんし》）をつくる　　〔　　　　〕

3 受精《じゅせい》が行われる場所を，**1** の図の中のＡ～Ｃの記号で答えましょう。

〔　　　　〕

4 受精《じゅせい》によってできた受精卵《じゅせいらん》が育つ場所を，**1** の図の中のＡ～Ｃの記号で答えましょう。

〔　　　　〕

5 (1)下の図に当てはまる言葉を埋《う》めましょう。

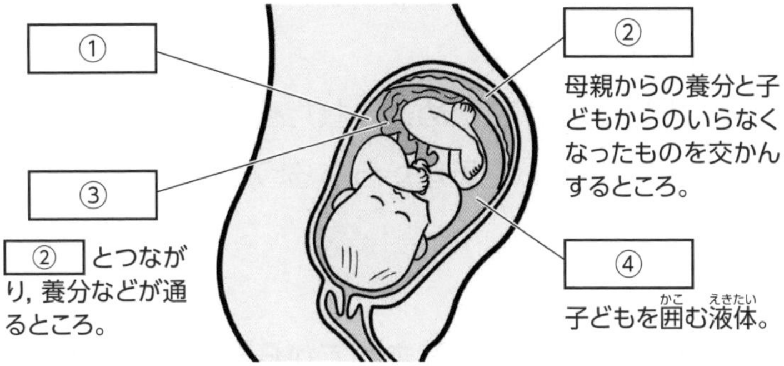

〔①　　　　　　　　②　　　　　　　　〕

〔③　　　　　　　　④　　　　　　　　〕

(2)②に関する説明として正しいものを，次の記号から選んで答えましょう。

イ　たい児の血管だけが集まっている

ロ　母親の血管だけが集まっている

ハ　母親の血管とたい児の血管がどちらも集まっているが，つながってはいない

ニ　母親の血管とたい児の血管がどちらも集まって，つながっている

〔　　　　〕

⑶たい児の養分の取り入れ方について適切《てきせつ》な説明を，次の記号からすべて選んで答えましょう。

イ　羊水を飲む

ロ　たい児のおなかにため込《こ》まれた養分を使う

ハ　へそのおを通して母親からもらう

〔　　　　〕

⑷多くの場合，子どもは産まれてからどれくらいの間，乳《ちち》だけを飲んで育つでしょうか。記号で答えましょう。

ア　1か月　　　**イ**　3か月

ウ　半年～1年くらい　　　**エ**　1～3年くらい

〔　　　　〕

解《かい》答《とう》

問題 102ページ

1. ヒトの誕生《たんじょう》

1 ①卵《らん》　②精子《せいし》　③受精《じゅせい》　④受精卵《じゅせいらん》　⑤子宮　⑥38　⑦260～280日前後

⑧50　⑨3

解説《かいせつ》 ⑦1週間は 7 日ですから，38 週は 7×38＝266 日です。

2 ①イ　②イ

3 ア→ウ→イ

2. 母親のからだと子ども

1 A輸卵管《ゆらんかん》　B卵巣《らんそう》　C子宮

2 ニ

3 A

4 C

5 (1)①子宮　②たいばん　③へそのお　④羊水

(2)ハ

(3)ハ

(4)ウ

解説《かいせつ》 (2)たい児と母親の血液《けつえき》は混《ま》ざることなく，酸素《さんそ》や栄養分がたい児に届《とど》けられます。

第9章　電流と力

1　電磁石《でんじしゃく》

3年生で磁石《じしゃく》について学びましたが，電流を利用して磁石《じしゃく》をつくれないでしょうか。

2つの棒磁石《ぼうじしゃく》を近づけると，N極どうしやS極どうしではしりぞけ合います。一方，N極とS極では引きつけ合います。

また，N極やS極は鉄を引きつけます。

棒磁石《ぼうじしゃく》がなくても，電流を利用してこのような磁石《じしゃく》の性質《せいしつ》をつくり出すことができます。

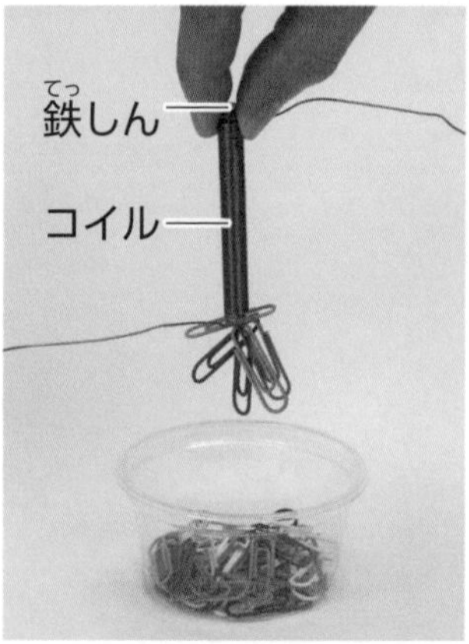

導線《どうせん》を同じ向きに何回も巻《ま》いたものをコイルとよびます。

コイルに鉄の芯《しん》（鉄《てっ》しんといいます）を入れて電流を流すと，鉄《てっ》しんが鉄を引きつけます。

鉄《てっ》しんにコイルが巻《ま》かれたものを電磁石《でんじしゃく》といいます。

2　方位磁針《じしん》

方位磁針《じしん》は，地上ではN極が北を向き，S極が南を向きます。

ただし，近くに磁石《じしゃく》を置くと「N極が北，S極が南」ではなく，近くの磁石《じしゃく》の影響《えいきょう》を受けます。

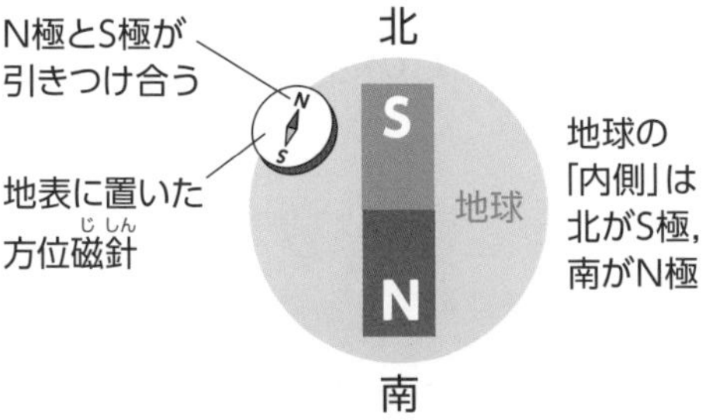

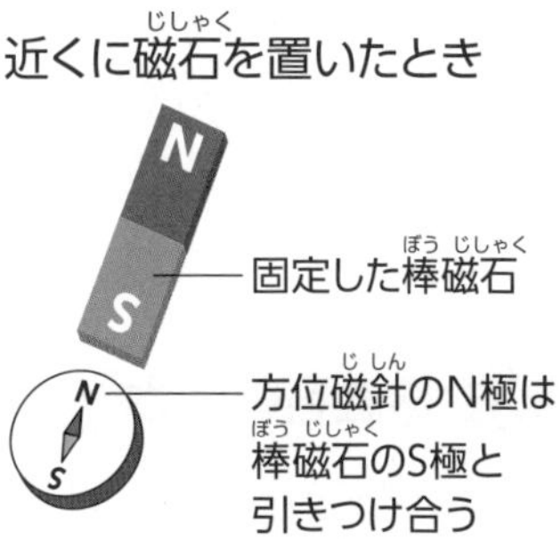

3　電磁石《でんじしゃく》のN極・S極

電磁石《でんじしゃく》にもN極とS極があります。

乾電池《かんでんち》をつなぐ向きを逆《ぎゃく》にすると，方位磁針《じしん》の向きも逆《ぎゃく》になります。

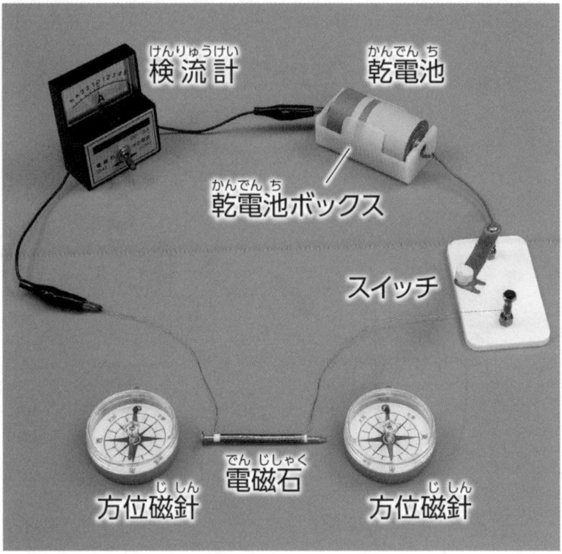

参考

鉄《てつ》しんは鉄心《てっしん》や鉄芯《てっしん》とも書きます。

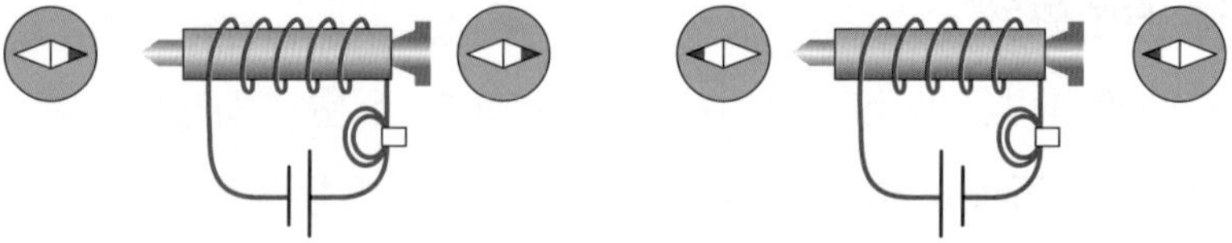

また，電磁石《でんじしゃく》は，コイルに電流が流れているときには磁石《じしゃく》の性質《せいしつ》を持ちますが，コイルに電流が流れていないときには磁石《じしゃく》の性質《せいしつ》を持ちません。

4 電磁石《でんじしゃく》の強さ

電磁石《でんじしゃく》をより強いものにするには，どのようにしたらよいでしょうか。

電流を大きくすると電磁石《でんじしゃく》は強くなります。

また，コイルの巻《ま》き数を増《ふ》やすと電磁石《でんじしゃく》は強くなります。

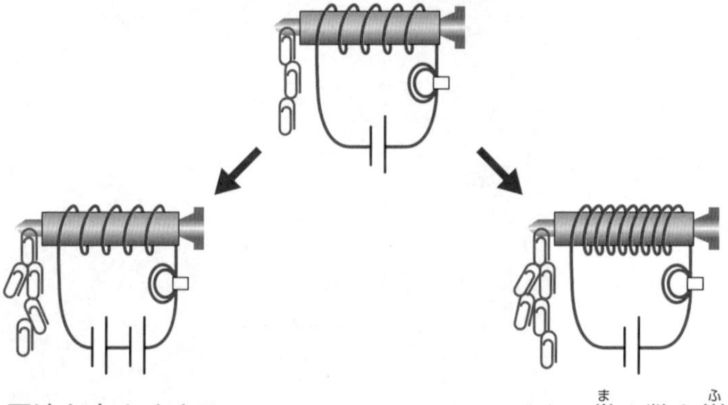

電流を大きくする　　　　コイルの巻《ま》き数を増《ふ》やす

気がついたことを書きとめよう

発展事項《はってんじこう》 — 余裕《よゆう》のある人向け

電流の向きとN極・S極の関係

　コイルに電流を流すとコイルは電磁石《でんじしゃく》となり，棒磁石《ぼうじしゃく》のようになります（鉄《てっ》しんを入れるとより性能《せいのう》のよい磁石《じしゃく》になります）。電磁石《でんじしゃく》にもN極，S極があります。

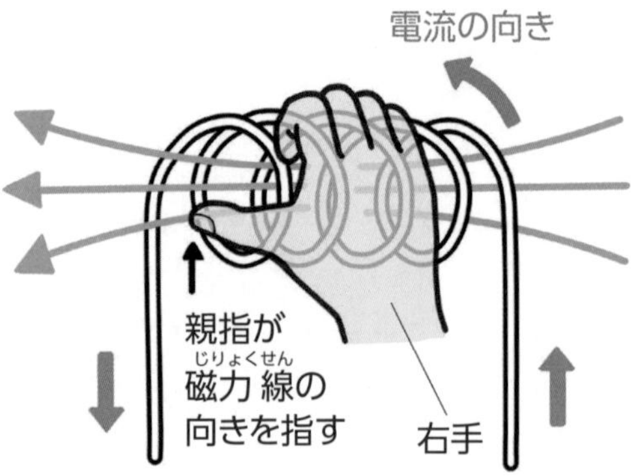

　図のように，電流の向きに右手の人差し指・中指・薬指・小指を合わせます。このとき，親指の方向に磁力線《じりょくせん》ができます。

　磁力線《じりょくせん》は上の図のように，磁石《じしゃく》のN極から出てS極に入る向きです。親指の方向に電磁石《でんじしゃく》のN極がある，ということになります。

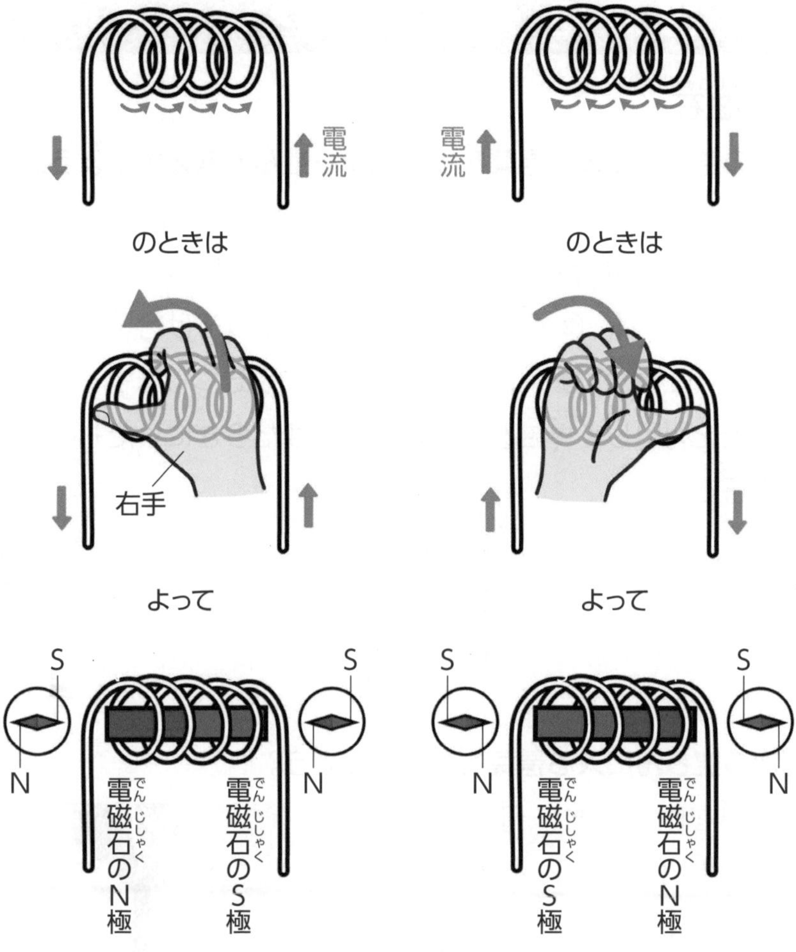

電流
のときは
右手
よって
S
N
S
N
電《でん》磁石《じしゃく》のN極
電《でん》磁石《じしゃく》のS極
電流
のときは
よって
S
N
S
N
電《でん》磁石《じしゃく》のS極
電《でん》磁石《じしゃく》のN極

確《かく》認《にん》問題

解答《かいとう》120ページ

1. 電磁石《でんじしゃく》

1 次の空らんに入る言葉を選択肢《せんたくし》から選んで答えましょう。

2つの棒磁石《ぼうじしゃく》を近づけると，N極どうしやS極どうしでは【 ①引きつけ合います・しりぞけ合います 】。一方，N極とS極では【 ②引きつけ合います・しりぞけ合います 】。また，N極やS極は【 ③木・鉄 】を引きつけます。

電流を利用して棒磁石《ぼうじしゃく》と同じようなはたらきにしたものが電《でん》磁石《じしゃく》です。

〔① 〕
〔② 〕
〔③ 〕

2 次の空らんに入る言葉を答えましょう。

導線《どうせん》を同じ向きに何回も巻《ま》いたものを【 ① 】とよびます。【 ① 】に鉄の芯《しん》（【 ② 】といいます）を入れて電流を流すと【 ② 】が鉄を引きつけます。

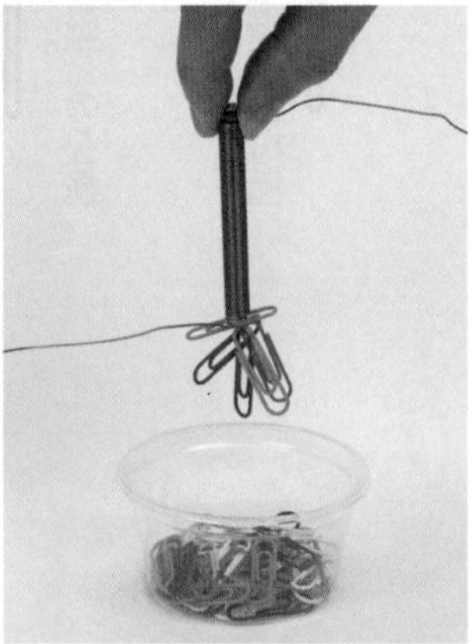

〔① ② 〕

2. 方位磁針《じしん》

次の空らんに入る言葉を答えましょう。

方位磁針《じしん》は, 地上ではN極が【　①　】を向き, S極が【　②　】を向きます。ただし，近くに磁石《じしゃく》を置くと「N極が【　①　】, S極が【　②　】」ではなく，近くの磁石《じしゃく》の影響《えいきょう》を受けます。

〔①　　　　　　②　　　　　　〕

3. 電磁石《でんじしゃく》とN極・S極

1 電磁石《でんじしゃく》にもN極とS極があります。次のア～エのうち，電磁《でんじ》石《しゃく》のN極とS極の向きが逆《ぎゃく》になるものをすべて選びましょう。

ア　乾電池《かんでんち》をつなぐ向きを逆《ぎゃく》にする

イ　乾電池《かんでんち》の向きはそのままで，乾電池《かんでんち》の個数《こすう》を増《ふ》やす

ウ　一度乾電池《かんでんち》を外して，もう一度乾電池《かんでんち》を同じ向きでつける

エ　乾電池《かんでんち》の向きはそのままで，コイルの巻《ま》き数を増《ふ》やす

〔　　　　〕

2 次の空らんに入る言葉を答えましょう。選択肢《せんたくし》が示《しめ》されている場合は，適切《てきせつ》な方の言葉を選びましょう。

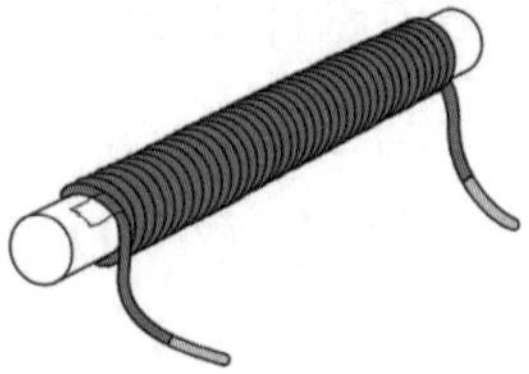

電流を流す線を【　①　】線とよび，銅《どう》のまわりにエナメルをつけたエナメル線を用いることが多いです。銅《どう》は電気を【　② 通します・通しません　】が，エナメルは電気を【　③ 通します・通しません　】。

〔①　　　　　　　②　　　　　　　③　　　　　　　〕

4. 電磁石《でんじしゃく》の強さ

1 次のア～ウのうち，電磁石《でんじしゃく》をより強くするための工夫《くふう》として適切《てきせつ》なものをすべて選びましょう。

ア　電流を大きくする

イ　コイルの巻《ま》き数を増《ふ》やす

ウ　乾電池《かんでんち》の向きを逆《ぎゃく》にする　　〔　　　　　　〕

2 導線《どうせん》の巻《ま》き数が100回の電磁石《でんじしゃく》に，次の図ア～ウのように乾電池《かんでんち》をつなぎ，電磁石《でんじしゃく》の強さを調べました。次の問いに答えましょう。

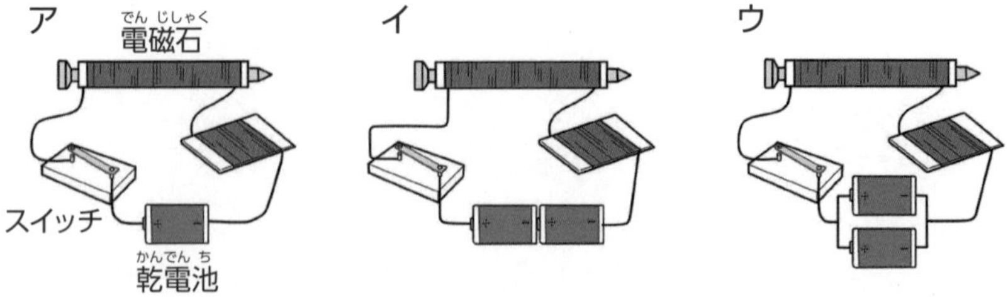

(1)　コイルに流れる電流がいちばん大きいのはどれですか。記号で答えましょう。

〔　　　　〕

(2)　それぞれの電磁石《でんじしゃく》に鉄のゼムクリップを近づけました。電磁石《でんじしゃく》につくゼムクリップの数がいちばん多いのはどれですか。記号で答えましょう。

〔　　　　〕

3 **次の図のア～カのように，同じ長さの導線《どうせん》を使って電磁石《でんじしゃく》をつくり，電磁石《でんじしゃく》を強くする方法を調べました。次の問いに答えましょう。**

ア　巻《ま》き数50回　　イ　巻《ま》き数100回　　ウ　巻《ま》き数150回

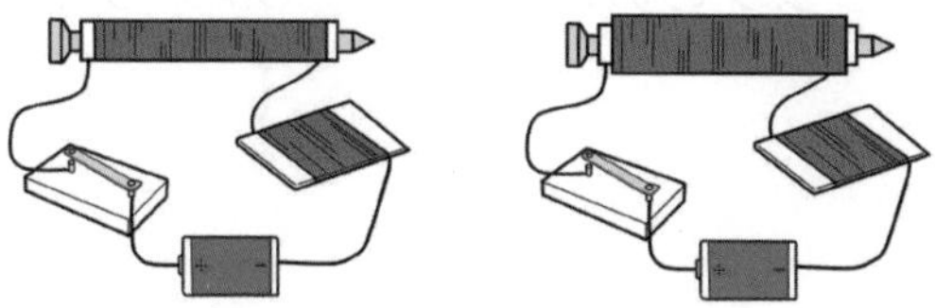

エ　巻《ま》き数50回　　オ　巻《ま》き数100回　　カ　巻《ま》き数150回

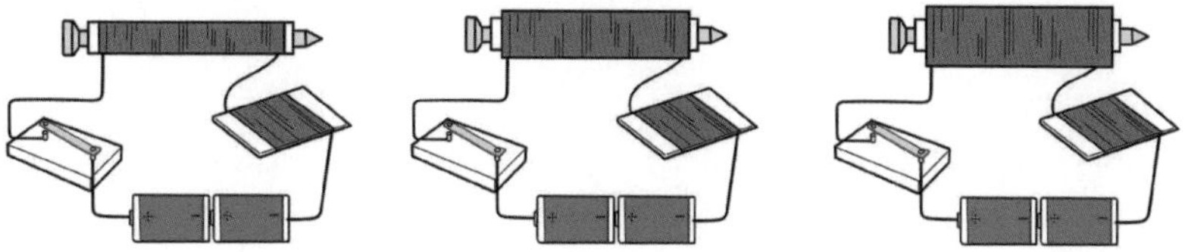

(1)　ア，イ，ウの中で，電磁石《でんじしゃく》がいちばん強いのはどれですか。記号で答えましょう。

〔　　　　〕

(2)　アとエで，電磁石《でんじしゃく》が強いのはどちらですか。記号で答えましょう。

〔　　　　〕

(3)　ア～カの電磁石《でんじしゃく》に鉄のゼムクリップを近づけました。次の①, ②に当てはまるものをア～カから選んで答えましょう。

①電磁石《でんじしゃく》につくゼムクリップの数がいちばん多いもの

〔　　　　〕

②電磁石《でんじしゃく》につくゼムクリップの数がいちばん少ないもの

〔　　　　〕

気がついたことを書きとめよう

解答《かいとう》

問題 114ページ

1. 電磁石《でんじしゃく》

1 ①しりぞけ合います　②引きつけ合います　③鉄

2 ①コイル　②鉄《てつ》しん（鉄心《てっしん》・鉄芯《てっしん》）

2. 方位磁針《じしん》

①北　②南

解説《かいせつ》 地球の「内側」は北がS極です。N極とS極は引きつけ合うので，地上ではN極が北を向きます。

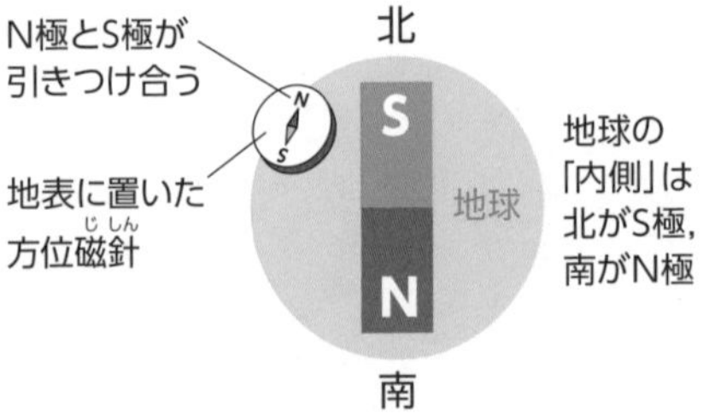

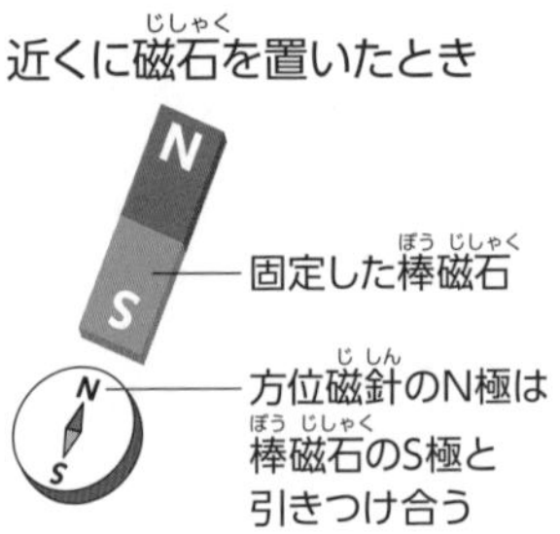

3. 電磁石《でんじしゃく》とN極・S極

1 ア

解説《かいせつ》 乾電池《かんでんち》をつなぐ向きを逆《ぎゃく》にすると電流の向きも逆《ぎゃく》になり，電磁石《でんじしゃく》のN極，S極も逆《ぎゃく》になります。

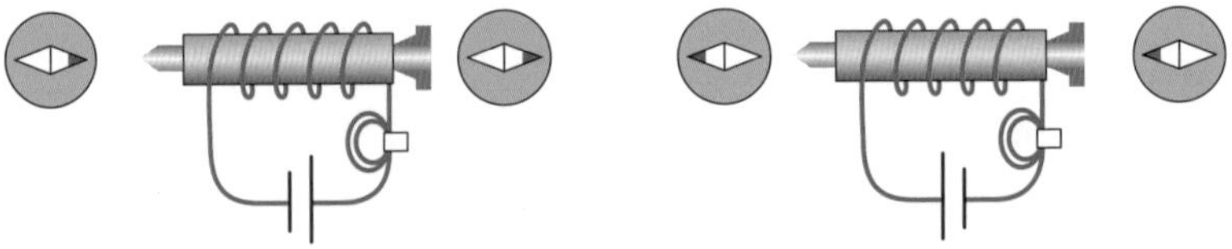

2 ①導《どう》（電）　②通します　③通しません

4．電磁石《でんじしゃく》の強さ

1 ア，イ

2 (1)イ　(2)イ

解説《かいせつ》 (1)ウでは乾電池《かんでんち》を２つ用いていますが，電流の大きさはアと同じです。ア～ウの電流の大きさを水の流れでイメージすると以下の図のようになります。

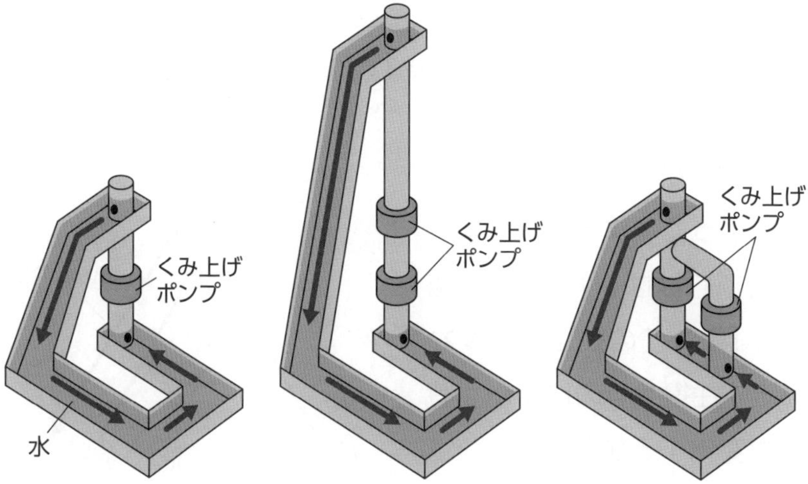

ア　　イ　　ウ

イはポンプで持ち上げた高さがアやウの２倍になり，アやウよりも１秒間に川を流れる水量が多く（電流が大きく）なります。

3 (1)ウ　(2)エ　(3)①カ　②ア

第10章 ふりこ

1 ふりこ

糸などにおもりをつるし，ふれるようにしたものをふりこといいます。

ふりこが1往復《おうふく》する時間は何によって決まるのでしょうか。「ふれはば」，「おもりの重さ」，「ふりこの長さ」が変わると1往復《おうふく》するのにかかる時間も変化するか調べます。

ふりこ

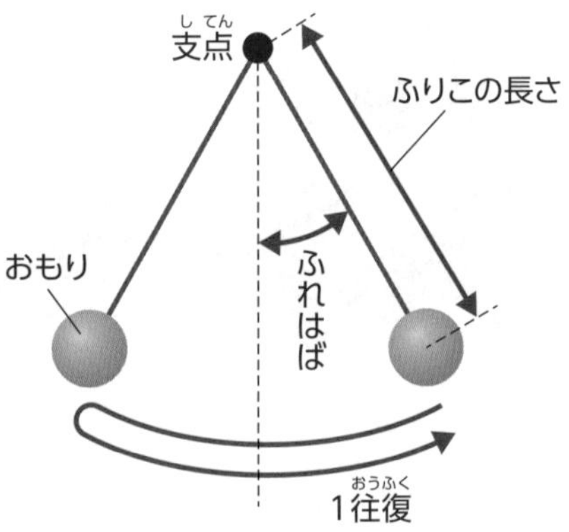

1往復《おうふく》するのにかかる時間は短く，正確《せいかく》にはかるのは難《むずか》しいので，10往復《おうふく》する時間をはかって10で割《わ》る，という方法が有効《ゆうこう》です。たとえば，10往復《おうふく》する時間が19秒のときには，1往復《おうふく》する時間は19÷10＝1.9（秒）となります。

参考

ふれはばをこの図のように定めている教科書もあります。
1往復《おうふく》する時間を周期ということがあります。

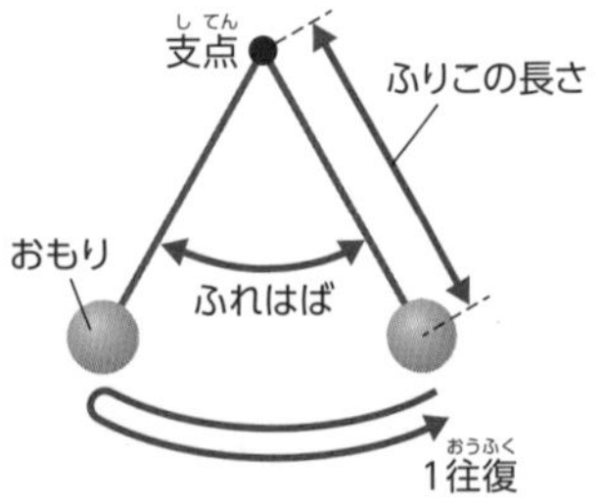

さらに，1回だけだとうまく測定《そくてい》できないこともあるので5回測定《そくてい》して平均値《へいきんち》を求めると，より信頼《しんらい》できる値《あたい》になります。

（1回目の値《あたい》＋2回目の値《あたい》＋3回目の値《あたい》＋4回目の値《あたい》
＋5回目の値《あたい》）÷5
＝（5回の平均値《へいきんち》）

	1回目	2回目	3回目	4回目	5回目
10往復《おうふく》するのにかかる時間	21秒	23秒	20秒	19秒	22秒

5回の平均《へいきん》は（21＋23＋20＋19＋22）÷5＝21ですから，10往復《おうふく》するのにかかる時間は21秒とみなせます。1往復《おうふく》するのにかかる時間は21÷10＝2.1秒となります。

ふれはばを変えると1往復《おうふく》する時間が変わるかどうかを調べるときには，他の条件《じょうけん》である「おもりの重さ」や「ふりこの長さ」は一定にして調べます。

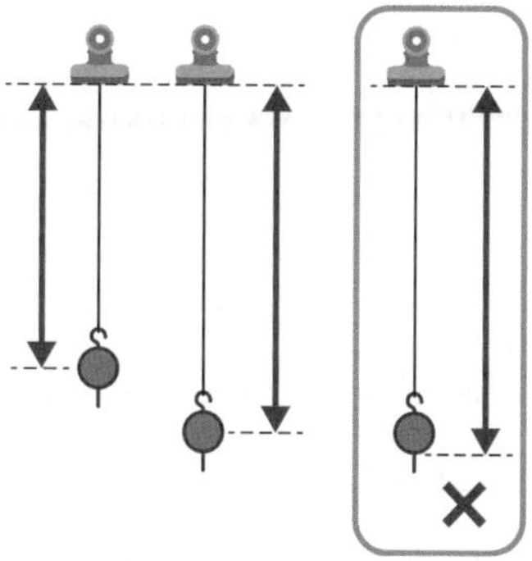

なお，ふりこの長さは，おもりの中心までの長さを指します。

参考

ふれはばを確認《かくにん》するときは，必ず正面から見ましょう。そうしないと正確《せいかく》にはかれません。

調べると，以下のことがわかります。

・ふれはばが相当大きくない限《かぎ》り，ふれはばを変えても，1往復《おうふく》する時間は変わらない。

※教科書には「ふれはばを変えても，1往復《おうふく》する時間は変わらない」と書いてあることが多いですが，ふれはばが大きい場合，ふれはばを変えると1往復《おうふく》する時間は変わってきます。このことは高校で学習します。

・おもりの重さを変えても，1往復《おうふく》する時間は変わらない。
・ふりこの長さが長いほど，1往復《おうふく》する時間は長くなり，ふりこの長さが短いほど，1往復《おうふく》する時間は短くなる。

ふりこの1往復《おうふく》する時間は，ふりこの長さによって変わります。このことは，ふりこの長さを変えながら1往復《おうふく》するのにかかる時間を計算して，比較《ひかく》するとわかります。このとき，おもりの重さ，ふれはばは，変えてはいけません。

1往復《おうふく》する時間がおもりの重さやふれはばに関係しないという事実は「ふりこの等時性《とうじせい》」とよばれ，ふりこ時計《どけい》やメトロノームに利用されています。ふりこの等時性《とうじせい》はガリレオ・ガリレイによって発見されました。

発展事項《はってんじこう》 —— 余裕《よゆう》のある人向け

ふりこの長さが4（＝2×2）倍になると1往復《おうふく》する時間は2倍に，ふりこの長さが9（＝3×3）倍になると1往復《おうふく》する時間は3倍になります。

確《かく》認《にん》問題

解答《かいとう》133ページ

1. ふりこ

右の図のように，おもりを糸でつるし，左右にふらせてみました。次の問いに答えましょう。

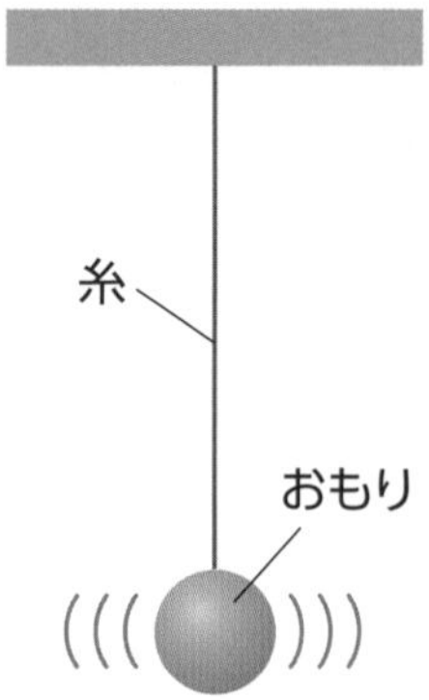

〔　　　　〕

(1)　おもりの動きについて説明した文章として適切《てきせつ》なものは次のうちどれですか。記号で答えましょう。

イ　しばらく左右にふれ続ける

ロ　時間の経過《けいか》とともに，少しずつふれはばが大きくなる

ハ　2～3回左右にふれた後，止まる

(2)　次の空らんに入る言葉を選択肢《せんたくし》から選んで答えましょう。
ふりこが1往復《おうふく》する時間について調べます。
ふれはばが相当大きくない限《かぎ》り,【　① ふれはばを大きくすると，1往復《おうふく》する時間は長くなる・ふれはばを変えても，1往復《おうふく》する時間は変わらない・ふれはばを大きくすると，1往《おう》復《ふく》する時間は短くなる　】。

おもりの重さを変えると,【　② おもりが重いほど，1往復《おうふく》する時間は長くなる・おもりの重さを変えても，1往復《おうふく》する時間は変わらない・おもりが重いほど，1往復《おうふく》する時間は短くなる　】。

ふりこの長さを変えると，【　③ふりこの長さが長いほど，1往復《おうふく》する時間は長くなる・ふりこの長さを変えても，1往復《おうふく》する時間は変わらない・ふりこの長さが長いほど，1往復《おうふく》する時間は短くなる　】。

〔①　　　　　　　　　　　　　　　　　　　　〕

〔②　　　　　　　　　　　　　　　　　　　　〕

〔③　　　　　　　　　　　　　　　　　　　　〕

(3)　下の図のように条件《じょうけん》を変えたふりこで，ふりこが1往《おう》復《ふく》する時間を調べました。あとの問いに答えましょう。

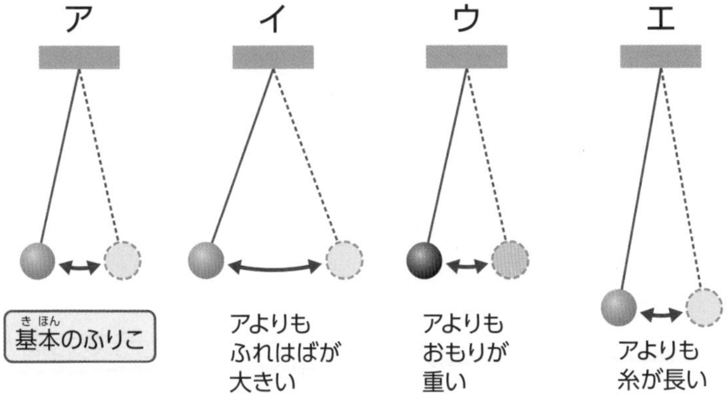

①　アのふりこより1往復《おうふく》する時間が長いふりこをすべて選んで記号で答えましょう。

〔　　　　　　〕

②　アのふりこと1往復《おうふく》する時間が同じふりこをすべて選んで記号で答えましょう。

〔　　　　　　〕

⑷　下の図を見て，次の問いに記号で答えましょう。

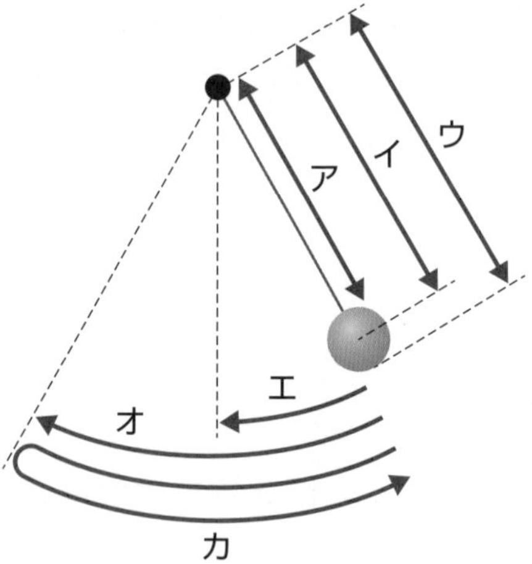

上の図において，「ふりこの長さ」は【　①ア・イ・ウ　】を，1往復《おうふく》は【　②エ・オ・カ　】を指します。

〔①　　　　　②　　　　　〕

⑸　次の空らんに入る言葉を答えましょう。選択肢《せんたくし》が示《しめ》されている場合は，適切《てきせつ》な方の言葉を選びましょう。
「ふりこの長さを変えると1往復《おうふく》する時間はどう変わるか」を調べる実験を行うとき，ふりこのふれはばやおもりの重さは【　①同じにして・ある程度《ていど》ばらつきを持たせて　】おきます。1往復《おうふく》する時間は短く，はかるのは難《むずか》しいため，10往復《おうふく》する時間をはかりました。「10往復《おうふく》する時間」を3回測定《そくてい》したら，8.3秒，8.7秒，8.2秒でした。このとき，1往復《おうふく》する時間は【　②　】秒とみなすことができます。

〔①　　　　　　　　　　〕

〔②　　　　　〕

2. ふりこの1往復《おうふく》する時間

ふりこが1往復《おうふく》するのにかかる時間を調べるために，10往《おう》復《ふく》する時間を3回はかったところ，表のような結果になりました。あとの問いに答えましょう。

10往復《おうふく》する時間

1回目	2回目	3回目
15秒	16秒	14秒

(1) それぞれの1往復《おうふく》にかかる時間を答えましょう。

①1回目〔　　　　　　　〕

②2回目〔　　　　　　　〕

③3回目〔　　　　　　　〕

(2) (1)から，このふりこが1往復《おうふく》する時間の平均《へいきん》を求めましょう。

〔　　　　　　　〕

(3)　別のふりこで10往復《おうふく》する時間を3回はかったところ，下の表のようになりました。このとき，ふりこが1往復《おうふく》するのにかかる時間の平均《へいきん》を求めましょう。

①

1回目	2回目	3回目
21秒	22秒	20秒

〔　　　　　〕

②

1回目	2回目	3回目
9秒	7秒	8秒

〔　　　　　〕

3. ふりこの長さ

1 下の図を見て以下の表の空らんに入る秒数を，小数第1位まで計算して答えましょう。

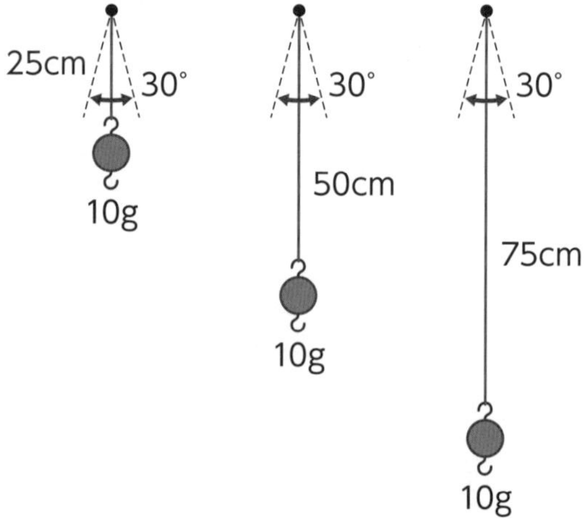

	10往復《おうふく》する時間			1往復《おうふく》する時間			
ふりこの長さ	1回目	2回目	3回目	1回目	2回目	3回目	平均《へいきん》
25cm	10秒	9秒	11秒	1.0秒	①	②	③
50cm	14秒	15秒	16秒	1.4秒	④	⑤	⑥
75cm	17秒	16秒	18秒	⑦	1.6秒	⑧	⑨

〔① ② ③ 〕

〔④ ⑤ ⑥ 〕

〔⑦ ⑧ ⑨ 〕

2 1の表の結果から以下のことがわかります。空らんに入る言葉を答えましょう。

ふりこの長さが【 ① 】なると，ふりこの1往復《おうふく》する時間は【 ② 】。

〔① ② 〕

3 ふりこの長さやおもりの重さ，ふれはばを変えて，ふりこが10往復《おうふく》する時間をはかると，以下の表のような結果になりました。表を見て，次の問いに答えましょう。

	イ	ロ	ハ	ニ	ホ	ヘ
ふりこの長さ (cm)	25	25	50	75	75	50
おもりの重さ (g)	40	40	50	20	50	20
ふれはば (度)	25	15	25	30	30	30
10往復《おうふく》する時間 (秒)	11.0	11.0	14.0	18.0	18.0	14.0

(1)　イのとき，ふりこが1往復《おうふく》する時間は何秒になりますか。

〔　　　　　　〕

(2)　おもりの重さと1往復《おうふく》の時間との関係を調べるためには，どれとどれを比《くら》べるとよいか，記号で答えましょう。

〔　　　　　　〕

解《かい》答《とう》

問題 126ページ

1. ふりこ

(1)イ

(2)①ふれはばを変えても，1往復《おうふく》する時間は変わらない

②おもりの重さを変えても，1往復《おうふく》する時間は変わらない

③ふりこの長さが長いほど，1往復《おうふく》する時間は長くなる

解《かい》説《せつ》 ①や②の性質《せいしつ》は，ふりこの等時性《とうじせい》とよばれています。

(3)①エ　②イ，ウ

解《かい》説《せつ》 おもりの重さやふれはばは，1往復《おうふく》の時間に関係しません。ふりこの長さが長いほど，1往復《おうふく》の時間は長くなります。

(4)①イ　②カ

(5)①同じにして　②0.84

解《かい》説《せつ》 (5)②8.3秒，8.7秒，8.2秒の平均値《へいきんち》である

(8.3 + 8.7 + 8.2) ÷ 3 = 8.4秒

を，10往復《おうふく》するのにかかる時間とみなします。

よって，1往復《おうふく》するのにかかる時間は

8.4 ÷ 10 = 0.84秒

となります。

2. ふりこの1往復《おうふく》する時間

(1)①1.5秒　②1.6秒　③1.4秒

(2)1.5秒

(3)①2.1秒　②0.8秒

解《かい》説《せつ》 (3)① (21 + 22 + 20) ÷ 3 = 21秒より，21 ÷ 10 = 2.1秒となります。

3. ふりこの長さ

1 ①0.9秒　②1.1秒　③1.0秒　④1.5秒　⑤1.6秒　⑥1.5秒　⑦1.7秒
⑧1.8秒　⑨1.7秒

2 ①長く　②長くなる　(①短く　②短くなる　でも正解《せいかい》)

3 ⑴1.1秒　⑵ニ，ホ

気がついたことを書きとめよう

本シリーズの電子書籍版「ツーコイン電子参考書・問題集シリーズ」の
制作にあたっては令和２年度事業再構築補助金の交付を受けました。

■理科 小５参考書クレジット
写真：アフロ
提供：INGRAM PUBLISHING/アフロ
写真：中井寿一/アフロ
写真：SEO DAE GYOO/アフロ
写真：安田真樹/アフロ
写真：大沢斉/アフロ
写真：東阪航空サービス/アフロ
写真：新海良夫/アフロ
提供：北海道地図/アフロ
写真：早坂明/アフロ
写真：神津一郎/アフロ
写真：渡辺広史/アフロ
写真：小早川渉/アフロ
提供：イメージマート
写真：田村洋一/アフロ
写真：孝森まさひで/アフロ
写真：学研/アフロ
写真：松山史郎/アフロ

印刷所	三省堂印刷株式会社
カバー・本文イラスト	二平瑞樹
ブックデザイン	木村祐一（ゼロメガ）
DTP	ゼロメガ
編集協力	二平絵美

ワンコインン参考書シリーズ
小５理科参考書

令和５年10月１日　初版刊行

著　者　高谷唯人
発行者　原　精一
東京都江東区亀戸８-25-12
発行所　株式会社　日栄社
〒136-0071　東京都江東区亀戸８-25-12
電話　03-6807-0801（代）
ホームページ　https://www.nichieisha.com/

ISBN978-4-8168-5531-3　Printed in Japan